绿色水产养殖典型技术模式丛书

# 鱼菜共生

## 生态种养技术模式

**YUCAI GONGSHENG**

SHENGTAI ZHONGYANG JISHU MOSHI

全国水产技术推广总站 ◎ 组编

U0246534

中国农业出版社
北京

# 本书编写人员

# 丛书序
## Preface

■ ■ ■ ■

　　绿色发展是发展观的一场深刻革命。以习近平同志为核心的党中央提出创新、协调、绿色、开放、共享的新发展理念，党的十九大和十九届五中全会将贯彻新发展理念作为经济社会发展的指导方针，明确要求推动绿色发展，促进人与自然和谐共生。

　　进入新发展阶段，我国已开启全面建设社会主义现代化国家新征程，贯彻新发展理念、推进农业绿色发展，是全面推进乡村振兴、加快农业农村现代化，实现农业高质高效、农村宜居宜业、农民富裕富足奋斗目标的重要基础和必由之路，是"三农"工作义不容辞的责任和使命。

　　渔业是我国农业的重要组成部分，在实施乡村振兴战略和农业农村现代化进程中扮演着重要角色。2020 年我国水产品总产量 6 549 万吨，其中水产养殖产量 5 224 万吨，占到我国水产总产量的近80％，占到世界水产养殖总产量的 60％以上，成为保障我国水产品供给和满足人民营养健康需求的主要力量，同时也在促进乡村产业发展、增加农渔民收入、改善水域生态环境等方面发挥着重要作用。

　　2019 年，经国务院同意，农业农村部等十部委印发《关于加快推进水产养殖业绿色发展的若干意见》，对水产养殖绿色发展作出部署安排。2020 年，农业农村部部署开展水产绿色健康养殖"五大行动"，重点针对制约水产养殖业绿色发展的关键环节和问题，组织实施生态健

1

康养殖技术模式推广、养殖尾水治理、水产养殖用药减量、配合饲料替代幼杂鱼、水产种业质量提升等重点行动，助推水产养殖业绿色发展。

为贯彻中央战略部署和有关文件要求，全国水产技术推广总站组织各地水产技术推广机构、科研院所、高等院校、养殖生产主体及有关专家，总结提炼了一批技术成熟、效果显著、符合绿色发展要求的水产养殖技术模式，编撰形成"绿色水产养殖典型技术模式丛书"（简称"丛书"）。"丛书"内容力求顺应形势和产业发展需要，具有较强的针对性和实用性。"丛书"在编写上注重理论与实践结合、技术与案例并举，以深入浅出、通俗易懂、图文并茂的方式系统介绍各种养殖技术模式，同时将丰富的图片、文档、视频、音频等融合到书中，读者可通过手机扫描二维码观看视频，轻松学技术、长知识。

"丛书"可以作为水产养殖业者的学习和技术指导手册，也可作为水产技术推广人员、科研教学人员、管理人员和水产专业学生的参考用书。

希望这套"丛书"的出版发行和普及应用，能为推进我国水产养殖业转型升级和绿色高质量发展、助力农业农村现代化和乡村振兴作出积极贡献。

丛书编委会
2021 年 6 月

# 前 言
Foreword

. . . .

　　我国是渔业大国，淡水渔业是我国粮食安全保障体系的重要组成部分，而池塘养殖是淡水渔业最主要的养殖方式。近年来，随着池塘养殖的不断发展，集约化、高密度的养殖模式在带来丰厚经济效益的同时，也带来许多新的环境问题。随着渔业供给侧结构性改革不断深入，人们对水产品的需求从数量转向数量、质量、生态效益并重。因此，控制养殖水体污染，维护水体生态平衡，实现水体的良性循环已势在必行。寻找探究一种高效环保的水产养殖用水处理模式，对于我国水产养殖业实现绿色发展，具有重要的理论和现实意义。

　　鱼菜共生生态种养技术是由重庆市水产技术推广总站联合西南大学和华中农业大学研究开发的一种绿色种养结合模式，该技术模式自2009年研究示范推广以来取得了良好的经济、社会和生态效益，该模式作为一种新型的渔农综合种养模式，有机结合了池塘养殖技术与蔬菜（植物）种植技术，通过生态设计，达到协同共生，实现养鱼不（少）换水、种菜不施肥的生态共生效应，促进鱼类、蔬菜（植物）、微生物之间的生态平衡，能显著降低池塘水体中氮、磷等富营养物含量，是养殖尾水治理的重要技术措施之一。该模式生态安全、绿色健康，符合生态渔业发展的要求，是一种可持续的农业发展方式。

　　本书共分为十三章，围绕池塘鱼菜共生生态种养模式的市场价值、应用前景、技术要点、养殖品种、多模式融合、品牌打造、疾病防控

等方面内容进行详细阐述，介绍了重庆地区鱼菜共生、鱼稻共生、鱼菱角共生模式等典型案例，旨在为广大水产养殖从业者提供参考，加强渔业绿色健康养殖模式的应用推广，有效推动水产养殖业绿色高质量发展。

在本书编写过程中得到西南大学等单位的支持，在此一并表示感谢。由于编者水平有限，书中错误和不足之处在所难免，恳请读者批评指正。

编　者

2021 年 8 月

# 目　录
## Contents

■ ■ ■

# 第一章

## 池塘鱼菜共生生态种养模式概况

### 第一节 发展背景——以重庆市为例

我国是世界上首屈一指的水产养殖大国，水产品总量和水产养殖量已连续 20 多年居世界第一位。水产品为我国国民提供了 30% 的动物蛋白源。水产品出口额连续 15 年位居我国大宗农产品出口首位，占农产品出口总额的比例达 30% 以上。淡水养殖约占我国养殖产量的 60%，占世界养殖产量的比例超过 40%。淡水养殖产业涵盖全国 34 个省级行政区，是我国农业中发展最快的产业之一，已成为我国农业的重要组成部分和当前农业经济的主要增长点之一。

我国池塘养殖历史悠久，是当前水产养殖最主要的养殖方式，为我国农村经济发展做出了突出的贡献，池塘养殖已经成为我国淡水水产品的主要来源。据《2020 中国渔业统计年鉴》，2019 年全国池塘养殖面积 264.47 万公顷，占养殖总面积的 51.69%；全国池塘养殖产量为 2 230 万吨，占全国淡水养殖产量的约 70%。重庆市水产品总产量 54.17 万吨，池塘养殖产量 47.47 万吨，占总产量的 87.63%；淡水养殖面积 8.29 万公顷，池塘养殖面积 5.31 万公顷，占总面积的 64.05%。上述数据表明池塘养殖在重庆乃至全国的渔业中都居于绝对主体地位。

随着集约化养殖的兴起，以高密度放养、高饲料投喂和高换水频率为特征的"三高"模式带来高产高效的同时，也导致了病害频发、水资源污染、养殖风险增大、水产品品质下降的问题。养鱼先养水，及时有效地净化养殖水质以提高养殖产量、保护养殖环境、减少病害、保障水产品质量安全成为水产养殖业实现绿色高质量发展的当务之急。

1

近年来，我国池塘养殖业获得了突飞猛进的发展，池塘养殖产量占淡水养殖产量的 70% 左右。然而，伴随着快速发展而来的养殖污染问题也日益凸显：在池塘中营养物质氮的输入中，残饵、粪便占 90%～98%，而鱼类输出氮仅占总输出的 20%～27%，沉积氮占 53%～71%；营养物质磷的输入中，饲料占 97%～98%，鱼类输出磷仅占总输出的 8%～24%，沉积磷占 73%～90%。大量的氮、磷沉积不但造成了营养物质的浪费，而且污染池塘水质，影响渔业的可持续发展。池塘水质修复技术大致可分为物理、化学和生物三类。物理方法主要是依据池塘水体的物理性状，除去水体的悬浮物和有毒有害物质，主要包括换水、清淤、吸附、增氧机增氧、紫外线消毒等。化学方法是通过在水体中泼洒有机或者无机化合物，使其与水体中的有毒有害物质起化学反应，从而达到净化水质的目的。在传统池塘养殖中，此方法具有比较广泛的应用。根据化学反应类型一般可以分为氧化还原法、絮凝法、中和法和络合法等。而生物方法是通过生物体的生命活动降低水体中有毒物质和有害物质的浓度，使受到污染的水体能够在一定程度上恢复初始状态，包括利用微生物、藻类、水生植物和动物等来吸收、降解或者转化水体和底泥中的有毒有害物质。生物方法与生态工程的协同使用，越来越受到重视，同时也表现出良好的水质调控效果。

## 一、政策背景

习近平生态文明思想要求坚决打赢农业农村污染治理攻坚战，用最严格制度、最严密法治保护生态环境，持续贯彻"绿水青山就是金山银山"的绿色发展观，加大力度推进生态文明建设、解决生态环境问题。2007 年，我国制定了《淡水池塘养殖水排放标准》(SC/T 9101—2007)，国内很多省市也相继制定了水产养殖废水排放地方标准，养殖尾水排放要求趋严。《关于加快推进渔业转方式调结构的指导意见》(农渔发〔2016〕1 号)、《关于加快推进水产养殖业绿色发展的若干意见》(农渔发〔2019〕1 号)、《农业农村部关于乡村振兴战略下加强水产技术推广工作的指导意见》(农渔发〔2019〕7 号)等文件要求逐步淘汰废水超标排放的养殖方式，推进水产养殖尾水综合治理；国家"十三五"渔业发展规划将"生态优先，实现可持续发展"作为今后发展的基本原则，保护渔业生态环境是发展水产养殖的基础；《关于深入推动长江经济带发展加快建设山清水秀美丽之地的意见》（渝委发〔2018〕29号）、《重庆市实施生态优先绿色发展行动计划（2018—2020）》《关于进一步调整优化全市农业产业结构的实施方案》和《重庆渔业"十四五"发展规划》等文件要求坚决打好污染防治攻坚战，大力推进渔业绿色发展和实施绿色健康养殖模式试验示范，渔业绿色发展势在必行。《农业部关于加快推进渔业转方式调结构的指导意见》（农渔发〔2016〕1号）文件明确提出，开展养殖废水水质检测，推动制定养殖尾水排放强制性标准，逐步淘汰废水超标排放的养殖方式。由此可见，传统高密度、高耗能养殖方式将逐步转型，生态养殖将是重庆乃至全国水产养殖的发展方向。

## 二、市场背景

推进农业供给侧结构性改革，是当前和今后一个时期我国农业政策改革和完善的主要方向，重庆市渔业经过近10年快速发展之后，水产品保供压力逐渐减小，而优质水产品不能满足消费者需求。水产品市场供给与需求矛盾错位，主要原因是当前普遍采用传统高投入、高产出的集约化养殖方式，在获得高产的同时，也导致养殖水体富营养化严重，养殖病害增加，产品品质下降，从而形成低质低价，产品不畅销的状况，制约了水产养殖业的可持续发展。

随着长江十年禁捕的深入推进，仅重庆市每年就有近2万吨江河水产品的捕捞产量全部退出，市场对高品质水产品的需求空白需要填补，优质水产品市场供应不足问题将进一步凸显。

## 三、基础背景

2019年，重庆市池塘总面积5.31万公顷，产量47.5万吨，平均单产仅有8 945千克/公顷，远远低于全国池塘平均产量；渔业专用塘面积3.28万公顷，平均单产也仅有11 490千克/公顷，也低于全国专用池塘平均产量。重庆地区改建池塘成本较高，受水源条件限制极大，换水困难，养殖的盈亏点在每公顷产10 500千克左右。因此，重庆的池塘养殖密度较高，单产大多在15 000千克/公顷以上，高的达37 500千克/公顷，需要大量饲料等投入品，残饵、粪便沉积、池塘生态环境

富营养化严重，造成了池塘水体富营养化，影响了产品质量，降低了养殖效益。主要表现在以下两方面。

（一）基础设施及资源

（1）水源差　重庆市是典型的丘陵及山区地形地貌特征，池塘较多的渝西地区是重庆市渔业的主产区，也是重庆市主要的缺水地区，池塘水源条件普遍不好，取水落差大，提灌成本高，换水不方便，多数池塘靠天蓄水。

（2）池塘基础设施较差，养殖条件受限　由于地形等多种原因，重庆市池塘大多成块分布，分散、规模小、不规则，集中成片养殖场少，一般没有独立的进排水设施，且老旧池塘较多，导致养殖废弃物逐年沉降，池塘淤泥厚，养殖时间在 5 年以上的池塘淤泥一般都达 30 厘米左右，水质富营养化严重，养殖水产品的品质不高。

（3）养殖成本较高　由于重庆市土地资源珍贵，农民人均土地不到 1 亩＊，加之水源有限，导致池塘租金较高，如果池塘养殖单产达不到 10 500 千克/公顷以上，就无利可图。因此，重庆市池塘养殖密度较大，单产一般在 15 000 千克/公顷左右，高的达 37 500 千克/公顷以上，由于饲料投入量大，鱼类排泄及饲料残留较多，导致水体富营养化。

（4）养殖产量增加导致水体富营养化加剧　进入 21 世纪以来，虽然我国的水产养殖产量持续占据世界第一的位置，但是大规模高密度的养殖造成池塘水体中氮、磷营养盐持续增加，水体透明度减小，水体富营养化严重，加之重庆市部分地区水产养殖技术欠发达，池塘老旧，淤泥较厚，造成养殖水体恶化、水产疾病频发、养殖产量低，低品质的水产品还有相当一部分，价低、效益差，投入产出比仅为1：1.2，养殖风险较大，渔民养殖积极性不高；而高品质水产品有价无量。

（二）传统池塘环境调控技术

（1）物理方法成本高、受地理条件限制　①加注新水：这是调节水质最有效、最主要的措施，能在短时间内改善池塘水质，但大多养殖场水源差、抽水难等问题限制了此方法应用，且该方法水电成本较高。②增氧机械：增氧机只能通过搅水作用改善池塘溶解氧条件，对整个池塘环境改善作用有限，且电力成本高。

---

＊ 亩为非法定计量单位，15 亩＝1 公顷，下同。——编者注

（2）化学方法对池塘环境改善力度有限 生石灰等化学药剂主要改善池塘酸性环境和增加水体硬度，对肥水池塘整体环境的改善作用有限，存在化学物质残留的问题。

（3）微生物方法效用不稳定 光合细菌、硝化细菌等微生物制剂对水质改善作用明显，无污染，但当前微生物制剂品牌众多，质量水平参差不齐，且受天气影响大，效果不稳定，效用时间不长，不但不能解决根本问题，且成本较高。

（4）部分水生植物易造成次生污染 被广泛用来净水的植物主要为水葫芦，该植物繁殖快、生长迅速，根系发达，净水效果明显，但由于其根系大、呈绒毛状，容易滋生细菌及寄生虫，导致鱼类病害发生。关键问题是，水葫芦基本上没有经济价值，捞出水面后无法利用，任其腐烂还会造成次生污染。

重庆地处长江上游，是三峡库区重要的生态屏障。重庆属亚热带季风性湿润气候，降水丰富，但时空分布不平衡，受山区丘陵地貌的影响，过境水多但实际利用率较低，池塘养殖提灌换水困难，多数靠天蓄水；大多数池塘养殖密度高、未设置尾水处理设施，不规范的养殖方式导致水体富营养化加剧。因此，发展池塘鱼菜共

池塘鱼菜
共生技术

生生态种养技术成为池塘绿色健康养殖及养殖尾水达标排放或循环利用的重要技术手段，是推进三峡库区生态环境保护、山区脱贫攻坚、确保水产品质量安全的重要举措。

## 第二节 基本概念

鱼菜共生是基于池塘生态学原理，将渔业和种植业有机结合，进行池塘鱼菜生态系统内物质循环，实现互惠互利（图1-1），是一项可持续发展的生态型农业新技术。鱼菜共生可实现池塘养殖废弃物氮、磷等废弃物的原位减控与消纳利用，修复和保育池塘生态环境，提高养殖池塘综合效益。基于鱼菜共生的生物浮床技术是通过生长于载体上的植物对水体中营养物质的吸收、转化，植物茎叶及载体的遮光，根区分泌化学物质对藻类的抑制等途径，除去富营养水体中过量的氮、磷、

池塘鱼菜
共生讲解

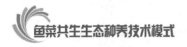

悬浮颗粒，控制藻类的肆意繁殖，达到净化水质的效果。

氮、磷作为主要营养物质，限制初级生产力，在一定程度上决定着养殖水体的渔产力，同时其含量对养殖环境有重要的作用。伴随集约化水产养殖业的兴起，富含大量氮、磷营养元素的肥料和饵料被投入养殖水体中，养殖池塘营养盐过剩，直接导致养殖水体水质的恶化，严重威胁到养殖生物的生存及生长。营养盐含量丰富的养殖废水也会污染周围的水域。

氮、磷收支是养殖池塘动力学研究的重要组成部分（图 1-1），在揭示水体中氮、磷的来源和归宿的同时，也是评价养殖池塘生态系统营养转化情况和污染程度的重要指标。建立良好的养殖生态结构，实现水产养殖业的可持续发展，关键是优化氮、磷在养殖环境内的转化和循环，减少向外部环境的排放量。

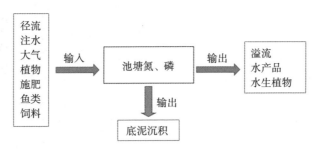

图 1-1 池塘养殖系统中氮、磷的收支

因此，通过氮、磷循环及转换途径，应用代谢过程的原理来调控和修饰氮、磷代谢流程（图 1-2），以提高氮、磷等营养盐的利用率，减少对环境的污染，将成为水产养殖业今后发展的重要方向。

养殖池塘的氮、磷输入：一般来说，人工池塘养殖系统中氮、磷的输入主要包括投饵、放养生物、降水、补充水、生物固氮作用等。大量研究证明，在鱼类和对虾池塘养殖中，饵料是养殖系统氮、磷输入的主要来源。相比较而言，降水、补充水、生物固氮作用等输入氮、磷所占比例都很小，一般在 10% 以内。

养殖池塘的氮、磷输出：进入池塘的氮、磷营养盐只有极少部分被池塘中的生物利用，大部分是以微生物脱氮作用以及氨挥发、底泥沉积物积累、换排水和渗漏等途径输出。底泥沉积是池塘养殖系统中氮、磷输出的主要途径，通常占总输出量的 50% 以上。其次是收获的

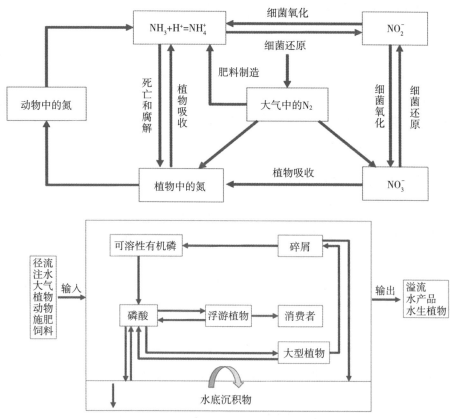

图 1-2 鱼菜共生池塘物质循环流程图

养殖生物，一般能占到 20% 左右。

## 第三节 发展现状

### 一、国外研究进展

鱼菜共生最早可追溯到 1 500 年前东南亚地区的稻田养鱼，是一项涉及鱼类、微生物和植物三者共生的新型复合耕作技术，通过系统内部可持续性的物质循环和能量流动，将水产养殖（Aquaculture）和水耕栽培（Hydroponics）两种农耕技术有机结合，达到鱼-菜-菌的和谐互利共生，从而实现"养鱼不换水、种菜不施肥"的高效、清洁、健康的生态循环养殖模式。国际上众多学者经大量实验研发了不同的工程技术模式，如维尔京群岛大学系统（the University of the Virgin Islands System，UVI 系统）、北卡罗来纳州立大学系统（the North Carolina

State University System，NCSU 系统）等。

## 二、国内研究进展

在国内，生物浮床应用始于 20 世纪 80 年代，当时叫"无土栽培"或"水面种青"，主要目的是利用水面种植获取饲料，为了高产甚至还要添加化肥。从 20 世纪 90 年代初开始，关于生物浮床的研究逐渐开始用于处理各种富营养化水体。

## 三、鱼菜共生技术应用效果

一是适宜种植的种类多样，研究发现可进行水上种植的植物达 130 多种，主要的水上种植品种有空心菜、鱼腥草、水芹菜、丝瓜、黑麦草、水稻、草莓、生菜等；二是氮、磷提取效果显著，研究表明，水生植物利用根系、茎、叶吸附、吸收、富集和降解水体及底泥中的污染物，对总氮、总磷等污染物的提取率一般在 60％以上，最高可达 90％以上；三是有利于维持池塘藻相平衡，在精养池塘中构建植物浮床能够有效调控水质，优化浮游藻类种群结构，合理控制蓝藻，有利于保持藻类多样性、均匀性并维持池塘的藻相平衡；四是维持浮游动物多样性，研究发现空心菜浮床能显著促进原生动物种类数增加，提高原生动物多样性，起稳定水质的作用，并且不会对池塘中浮游生物的生物量造成显著影响；五是提高池塘透明度，空心菜浮床对池塘水体中的悬浮物具有良好的吸附滤除作用，对于降低水体氮、磷浓度，提高水体透明度和减少沉积物的产生具有重要意义；六是提高成活率，增加鱼产量，研究发现种植空心菜使池塘溶解氧保持较高水平，明显提高鱼类成活率，鱼产量显著高于对照塘；七是需要适宜的采收方式，对空心菜的研究发现，适当增加采收次数能提高新芽再生速率，增加蔬菜收获量（从净化效果看，最佳采收方式是每 7～10 天采收 1 次，留茬 16 厘米，平均净化率为 80％左右）；八是需要适当的种植比例，对冬春季不同植物覆盖度的浮床研究发现，一般植物最适覆盖率在 20％以内为宜；九是浮床填充物提升净化效率，研究发现浮床填充物对降低化学需氧量、总氮和总磷效果明显优于普通生态浮床，是由于填充物可以固定浮床植物，增加植物根系的附着面，质轻、疏松多孔的填充物也能附着大量微生物。

为改善池塘水体生态环境，促进池塘养殖可持续发展，从 2009 年开始，重庆市水产技术推广总站借鉴国内外相关研究开展了池塘鱼菜共生综合种养关键技术攻关及技术集成，形成了比较完善的池塘综合种养成套技术。探索、研发了多项技术，并取得了一定的突破。2016年，全市鱼菜共生推广面积达 5 466.67 公顷，在生产力转化和规模化应用方面全国领先。

### 四、推广应用情况

湖北、四川、云南、贵州、新疆、陕西、天津、甘肃等 10 多个省份累计示范推广 6.67 万公顷以上。

"水上藤菜"

2016—2018 年在重庆璧山、巴南、涪陵、潼南等 37 个区县累计推广面积 1.77 万公顷，带动 2.8 万养殖户实现增收。注册"鱼菜缘"商标 1个，认证"水上藤菜""鱼塘米"绿色食品 2 个。池塘鱼菜共生综合种养、"一改五化"生态集成技术等池塘渔业生态循环核心技术，6 次获评全国农业主推技术（2013 年、2014 年、2015 年、2016 年、2018 年、2019 年）；核心技术模式——池塘鱼菜共生综合种养技术模式被确定为"新时代全国 8 大渔业绿色健康发展模式"之一。该技术也被列为重庆市"十三五"渔业发展规划重点工程和重庆百亿级生态渔产业链建设的主推模式。

## 第四节　效益分析

### 一、生态效益

#### （一）优化池塘系统氮、磷的收支

研究表明，鱼菜共生生态浮床能有效地降低池塘水体中氮、磷含量，总氮去除率最高达 70% 以上，总磷去除率最高可达 80% 以上。在 7.5% 的浮床覆盖率条件下，池塘浮床年生产生物量高达 15 364.35 千克/公顷，累计从池水中固定氮和磷分别为 54.45 千克/公顷和 5.7千克/公顷。

#### （二）有利于养殖节能减排

池塘鱼菜共生和生态沟渠联合使用构建的循环水养殖模式可以保证池塘养殖用水的循环使用，做到养殖期间的节水减排。一般情况下，可以使养殖池塘节约渔业用水 22 500 吨/公顷，减少渔业废水排放

18 000吨/公顷，也因此降低了因抽水而产生的能耗；同时还减少了因饲料使用而造成的氮、磷等营养元素在水中和底泥中的积累。另外，由于鱼病发生率下降，渔药使用量也相应降低，减少了渔药在水体环境中的残留，降低了药物成分对环境造成的影响，既对生态环境友好，又保障了水产品质量安全。

（三）促进养殖尾水治理

综合运用池塘鱼菜共生生态种养技术后，"一控两减"效果明显。鱼菜共生水质原位调控技术可以净化养殖水质，缓解水体富营养化，促进池塘养殖用水的循环使用或达标排放，平均节约养殖用水80%左右，创新了富营养化水体生物控制和治理模式。重庆市鱼菜共生模式2016—2018年蔬菜产量达到9.7万吨；减少尾水排放约2.7亿米$^3$（1.5米水深池塘每年减少换水5次，每次换水约20%，约减少池塘水体整体换水1次），相当于满负荷运转的中型污水处理厂70年的污水处理能力，消纳氮、磷元素931.8吨。将治理与效益紧密结合起来，对水产养殖绿色发展、治理养殖面源污染和保育养殖水域生态环境具有较大的推动作用。

（四）促进农村人居环境改善和休闲渔业融合发展

农业农村部等10部委联合发布的《关于加快推进水产养殖业绿色发展的若干意见》（农渔发〔2019〕1号）指出，将"生物净化、人工湿地、种植水生蔬菜花卉"等技术措施作为养殖尾水治理的重要手段。部分地方政府已把鱼菜共生作为美丽乡村建设和治理池塘水体污染的主要内容，如重庆市璧山区人民政府办公室发布《关于开展"美丽乡村"建设工作的通知》（璧山府办发〔2013〕146号），将"池塘鱼菜共生综合种养技术"作为美丽乡村建设的主要内容在全区推广实施。巴南区月亮湾生态渔村将池塘鱼菜共生作为主要建设内容。众多休闲观光农庄将鱼菜共生作为观光景观和生态餐饮的主要实施内容，鱼-水生植物共生的生态效益日益显现。万盛经济技术开发区凉风村利用渔业主题打造生态渔村，利用池塘生态循环技术打造"鱼-水-植物"生态景观，现已获评全国最美乡村，入选全国乡村旅游重点村名单。

二、经济效益

通过池塘鱼菜共生生态种养技术的应用，减少了鱼病发生，提高了养殖成活率，降低了饵料系数，提高了产品品质，增加了养殖产量和渔业产值。同时生物浮床水培蔬菜的出售也可增加经济收入。据测算，一般情况下，池塘鱼菜共生模式下化肥和渔药每公顷用量减少225千克，提高氮素转化效率10%，饲料每公顷减少900千克，养殖产量提高10%～20%，经济效益提高约30%。

以1亩池塘为例，铺设67米²的空心菜浮床，全年可产出8 914千克优质蔬菜，可直接实现经济收入16 503.34元。未采收的茎叶部分可作为畜禽与鱼类的青饲料。试验池鱼病暴发次数较少，用药成本较对照池节约了124元。试验池塘在成本投入较低的情况下，利润达4 194.52元/亩，为对照池的2.73倍。2016—2018年在重庆璧山、巴南、潼南、奉节等37个区县累计实施鱼菜共生面积1.77万公顷，3年累计生产水产品34.9万吨、蔬菜23.6万吨；新增水产品11.8万吨，新增产值17.3亿元，亩新增纯收入2 658元，新增纯收益（新增利润）7亿元。辐射带动全国开展池塘鱼菜共生综合种养面积6.7万公顷，实现产值181.8亿元，新增利润15亿元，节约水电成本30%，节约药物成本50%，节水率达到70%以上。

促进产业化开发和产业链延伸。注册了"鱼菜缘"水上蔬菜商标（注册号：12790555），认证"水上藤菜""鱼塘米"国家绿色食品（产品编号：LB-15-1408342936A），开设"鱼菜缘"绿色水产蔬菜直销店，通过品牌打造，提高产品的附加值、知名度和公信度，增加池塘综合生产效益。

### 三、社会效益

#### （一）有利于保障国家粮食安全
鱼菜共生生态种养核心技术以鱼菜共生生产方式，实现了节能、减排，增收、增效。这种立体种养模式，开辟了粮蔬新的生长空间。池塘每亩以10%蔬菜种植面积计算，对于重庆地区相当于增加了1 667公顷蔬菜种植土地，对于全国相当于增加了6 667公顷蔬菜种植土地，即在一定程度上可节约蔬菜种植用地，保障粮食种植用地，保障国家粮食安全。

#### （二）提高产品质量，创新服务形式
该技术模式可明显提高养殖对象产量、提升鱼肉品质；减少鱼病

11

发生和渔药使用，保障水产品质量安全。通过建立试验示范区、实行合同化管理、开展标准化生产、强化培训与指导、创新服务形式，提高科技到位率与转化度，形成了可复制的技术推广模式。

（三）助力扶贫攻坚

该技术模式的推广，对扶贫攻坚具有较大推动作用。在重庆奉节、巫溪、丰都等秦巴山区建立池塘鱼菜共生循环种养示范点 21 个，示范面积达 73.33 公顷，助力 17 户养殖业主脱贫攻坚，在红池坝镇引进"集装箱工程化养殖＋尾水生态循环修复技术"融合模式，打造丰都三建乡"流水养殖＋生态沟渠尾水治理"示范点，帮扶深度贫困村脱贫攻坚。该技术还在新疆地区应用推广 1 043.33 公顷，助推 105 户农渔民脱贫致富，户均增收 3 200 元。

# 第五节　应用前景

鱼菜共生生态种养技术模式经过多年攻关、试验、示范和推广，集成了多项核心技术，具有成本低廉、简便易学、易于管理、效果显著的优势，实现了环境治理与社会、经济和生态效益的有机结合，技术水平及推广应用成效达到全国领先水平；适用于富营养化水体生态环境治理、种养结合的循环农业技术体系构建、多产业融合发展、田园综合体打造、农旅结合、农村人居环境改善；对全国池塘生态渔业发展和养殖尾水治理都具有较强的示范引领作用，也有望应用于其他各类水体的综合治理。

# 第二章

## 鱼菜共生生态种养技术模式

### 第一节　生物浮床材料及构造

生物浮床的设计和制作一般要求以下几个方面：一是浮床的结构应该符合所培养植物的生长特性，保证水培对象可以顺利生长；二是能够确保所培养的植物不被养殖对象摄食，可以茁壮生长；三是浮床的规格大小应合理搭配，保证水上移植植物简单方便以及后期采摘与管理方便；四是选材要环保、耐用，同时方便运输与储存管理。

#### 一、生物浮床的基本结构

常见生物浮床结构包括床体、浮力装置和固定装置。生物浮床的床体由框架和植物载体两大部分组成，框架用于支撑和悬挂，要求有一定的坚韧性和弹性；植物载体用于承托浮床上的蔬菜或花卉等植物。PVC管、毛竹等材料做框架时框架本身即可起浮子的作用，一般无需另外增加浮力装置，浮力不够时可以使用密封饮料瓶、塑料泡沫等增加浮力。固定生物浮床的方式主要有拉绳固定法和定桩固定法。拉绳固定法指先在池塘的两岸用木桩打桩，然后拉两根互相平行的聚乙烯绳索，随后将生物浮床以一定的方式固定在这两根绳索上；定桩固定法指在生物浮床的四周选取四个对称的方位，并用竹桩等工具在池底打桩，然后用聚乙烯绳索将生物浮床固定在桩上，或者直接在生物浮床的一定位置用绳索设备等固定一定质量的重物并将该重物沉入水底。一般定桩固定法较多应用于较浅的水体，主要用于固定具有景观功能的生物浮床；而拉绳固定法操作相对简单，成本较低，多用于大面积推广的生物浮床。

## 二、浮床的材料选择

生物浮床的材料一般由框架材料、植物载体材料和浮床植物组成。实践证明，浮床PVC管是制作生物浮床常用的有机材料之一，具有优异的耐酸、耐碱和耐腐蚀特性，不受湿度和土壤酸碱度的影响，管道铺设时不需任何防腐处理，同时，PVC管不是营养源，不会受到啮齿动物的侵蚀，因而使用年限较长久，制作成本极大地降低，而且PVC管的安装，不论采用黏接还是橡胶圈连接，均具有良好的水密性，可以保证用其制作的浮床较好地漂浮在水面上，而不用另外添加浮力装置，也节省了制作成本。高密度聚乙烯（HDPE）可吹塑成内空的浮板，具有较好的耐磨性、韧性及耐寒性，硬度和拉伸韧性好，耐腐蚀性能也不错，可作为良好的浮床材料，浮力较强，适合水面种植重量较大的高秆植物。

通过表2-1可以看出，PVC材料浮床（4米×1米）约需58.3元/个，平均每个浮床年投入约需11.7元/个；在就地取材，无需运输购买的情况下，制作竹子材料浮床（4米×1米），约需30.3元/个，平均每个浮床年投入约需10.1元/个，竹子浮床较PVC管材浮床成本低，但规范性、美观性、牢固性方面稍差，容易变形、进水，且竹子较重，管理麻烦。

表2-1 PVC管、竹子单个浮床（4米×1米）制作成本对照表

| 管材 | 规格 | 主材料费用(元) | 胶水/铁丝费用(元) | 弯头费用(个) | 人工费用(元) | 网片费用(元) | 合计(元) | 年投入(元) |
|---|---|---|---|---|---|---|---|---|
| PVC管 | 70毫米×3.8米 | 32.5 | 0.9 | 4.8 | 12.4 | 7.7 | 58.3 | 11.7 |
| 竹子 | 大竹子 | 0 | 0.3 | 0 | 22.3 | 7.7 | 30.3 | 10.1 |

注：PVC管年投入按5年使用年限计，竹子年投入按3年使用年限计。

生物浮床载体可用的材料较多，目前使用较多的有聚苯乙烯泡沫、陶粒、聚乙烯渔网以及纳米材料等，其中，聚乙烯渔网是应用最为广泛的材料之一。聚乙烯渔网一般制成单丝状，有一定的柔展性，不必作特殊处理即可使用。其表面光滑，制成的渔具滤水性好，而且难断裂、湿态下强度不变、耐磨性好、耐低温、耐酸碱性良好、电绝缘性能优良、在强酸碱中聚乙烯纤维强度几乎不降低。因此，用聚乙烯制作的生物浮床，一是其使用年限较长久，制作成本相应就会较低；二是聚乙烯裁剪方便，柔软性和延展性较好，能够形成不同的形状，可以较简单地制作浮床载体；三是规格较多，材料来源广泛，便于运输，

易于造型，可用于平板浮床种植藤蔓类植物。

目前，可用于浮床栽培的植物达130余种，大致上可以归为水果蔬菜类、观赏花卉类、经济作物类。种植浮床植物的主要目的是利用植物消除水体中过剩的营养物质。因此，选择浮床植物的首要标准是生长速度快，分蘖力强，根系发达，吸收能力强，适合水培和当地适宜的气候环境；次要标准是具有一定的经济价值和观赏价值。

## 第二节　生物浮床制作方法

生物浮床的组配一般包括浮床设计、材料准备及材料组合。首先要按照栽培植物的生长特性设计水上培养的植物所合适的生物浮床，包括功能、结构、规格等。其次要根据所设计的生物浮床功能，准备好所需要的材料，根据所设计的生物浮床的规格与结构，将材料进行整理，使其快速组合成生物浮床。最后，在相关工具的辅助下，将整理好的材料快速组合成型，制作成可以使用的生物浮床。

### 一、漂浮式浮床

漂浮式浮床主要适合于藤蔓植物水面培养，主要由PVC管框架和PE渔网组成。植物载体为双层PE网片，特别适合非挺水植物的水面培养，有两种规格，分别为2米×2米和2米×4米。选择直径5厘米、长度4米的PVC管作为生物浮床的框架材料，并选择PE网片，还有相关辅助材料和工具。将部分4米长的PVC管用电锯锯断为2米，将PE网片裁剪为预先设计好的大小。裁剪PE网片时，由于PE网片易变形，所以应该以网目数量来计算距离，这样裁剪出来的网片规格整齐划一，更容易组装到生物浮床框架结构上去。最后，将准备好的PVC管用PVC管黏合胶和PVC管90°连接弯管组合为一个完整的长方形框架，其后用聚乙烯网线将裁剪好的PE网片制作成只有一边开口的"袋形"，然后套在浮床框架上，即"套袋"，最后缝合袋口即可。

用PVC管（50~90管）制作浮床，上、下两层各有疏、密两种PE网片，分别防止草食性鱼类吃菜和控制茎叶生长方向，管径和长短依据浮床的大小而定。此种制作方法成功解决了草食性、杂食性鱼类与蔬菜共生的问题，适合于任何养鱼池塘，详见图2-1。

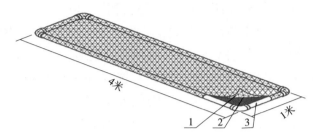

图 2-1　PVC 管浮床制作方法
1～2.PE 网片　3.PVC 管

## 二、固定式浮床制作方法

固定式浮床通常是沿着池塘边沿位置固定，一般不可移动，这样既利于水上植物的种植和管理，也不妨碍常规渔业生产。一般以竹木和 PE 网片为主要材料制作。首先，选择合适的床体网片。床体网片网目 4 厘米，各边穿绳便于固定，以 3 米为距，并用细竹竿将床体网片撑开。其次，配制浮力装置，在床体长边两侧每隔 1.5 米捆扎一个 1.5 升的密封饮料瓶即可。最后，下塘安装，按照网箱形状，以 3 米为距将竹竿固定于池塘中形成浮床床架，将网箱系于竹竿上，网箱边缘高出水面 0.25 米左右，再将浮床床体放入网箱浮于水面展开即可。床体网片四角可用绳与床架四角的竹竿相连，以防床体网片卷曲。

## 三、立体式浮床制作方法

### （一）拱形浮床

在 PVC 管浮床的基础上，在其长边和宽边的垂直方向分别留 2 个和 1 个以上中空接头，用 PPR 管或竹子等具有一定韧性的材料搭建成拱形的立体框架，如图 2-2 所示。

### （二）三角形浮床

在 PVC 管浮床的基础上，在其长边和宽边的 45°方向分别留 2 个和 1 个以上中空接头，用 PVC 管或竹子等具有一定硬度的材料搭建成三角形立体

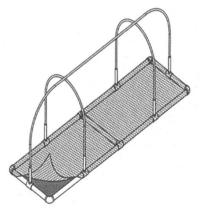

图 2-2　拱形浮床

框架，如图 2-3 所示。

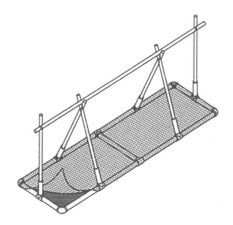

图 2-3　三角形浮床

（三）定制浮床（集装箱式浮床）

在平板和立体浮床模式的基础上，设计了 50 厘米×50 厘米×10 厘米的框体，底面和侧面有边长为 2 厘米的方格，便于小型鱼类穿梭活动及消除植物根部寄生虫等，防止大型草食性、杂食性鱼类破坏植物根系而影响植物生长；底面四周有 12 个直径约 2.5 厘米的圆突起，用于在水体中增加浮力，并与盖子上的圆孔对应，用于固定插入的立体支架杆；侧面与底面约成 10°，用于浮框重叠，方便运输和保存；浮框内高 10 厘米，为植物根系生长空间，便于控制植物生长方向；浮框盖子四周有 12 个直径约为 3.2 厘米的圆孔，与底面圆形突起对应，用于固定立体支架杆；盖子中间为边长 1 厘米、2 厘米、3 厘米均匀分布的方格，用于种植不同大小的植物。50 厘米×50 厘米×10 厘米大小的框体运输方便，可以在池塘中随意组合成不同的形状，来回移动，便于采摘蔬菜和塑造景观工程（图 2-4 至图 2-6）。

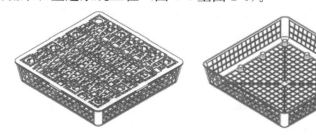

图 2-4　浮框上盖立体装配图

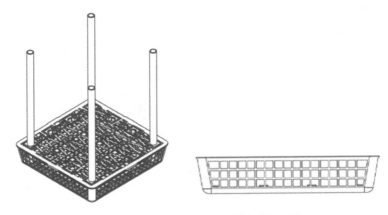

图 2-5　浮框立体图（左）及侧面图（右）

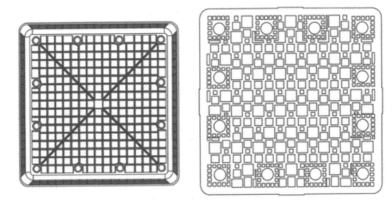

图 2-6　浮框正面图（左）及上盖（右）

## 四、生态浮岛制作方法

生态浮岛又称漂浮湿地或抗风浪净水浮岛，主要部分为高密度聚乙烯生态浮床（又称为 HDPE 生态浮床）。其原理是通过模拟自然湿地的净水原理，能够有效去除水中的氨氮、硝态氮、总磷等富营养物质，对于降低水体 COD 和去除悬浮性颗粒物也同样有很好的效果，是一种具有可持续性的生物技术。常见的生态浮岛单元主要有常规挺水植物种植型、密集种植型和荷花浮岛。

### （一）常见生态浮岛种类

**1. 常规挺水植物种植型**

挺水植物种植型生态浮床的主体即生态浮板，外形为正方形，每

平方米包含 9 块生态浮板。每块浮板
中间有 1 个 170 毫米口径的栽植孔，
用于栽种各类大型挺水植物，周边有
4 个透气孔，角上有 4 个连接孔（图
2-7）。浮板单元可根据生态浮岛的设
计形状进行适当拼接组合，形式更加
多样，功能更加完全。图 2-7 中的浮
板单元是水生植物种植通用常规产品，
一体性好，结构牢固，抗风浪，防紫
外线，抗老化，稳固性效果好，拆装

图 2-7 HDEP 生态浮板单元

维护方便；适宜种植美人蕉、再力花、风车草、水生鸢尾、菖蒲、花
叶芦竹、野慈姑、千屈菜等品种，也适合种植水稻。

**2. 密集种植型**

矮茎植物密集种植型生态浮床的主体——生态浮板，外形为正方
形，每平方米包含 4 块浮板。每块浮板上均匀分布有 9 个 80 毫米口径
的栽植孔，用于栽种各类矮茎植物或浮水植物；在 9 个栽植孔中间平均
分布有 4 个透气孔，角上有 4 个连接孔。浮板单元适合高密度植物种
植，可以形成更加丰富密集的水上丛林。同样，浮板单元可根据生态
浮岛的设计形状进行适当拼接组合，形式更加多样，功能更加完备。
浮岛单元一体性好，结构牢固，性能稳定，拆装维护方便；适合种植
水金钱、狐尾藻、泽泻、菖蒲、灯芯草、翠芦莉等植物；在浮板的底
部铺置合适的筛网就可以种植空心菜、西洋菜、水芹菜等水培蔬菜。
这种类型被广泛应用于鱼塘、水库等区域。

**3. 荷花浮岛**

荷花浮岛主体——生态浮板外形为圆形，每块浮板中间有 1 个 300
毫米口径的栽植孔，适用于双节藕、三节藕的荷花种植，尤其适合深
水区域，也可以将常用的美人蕉、再力花、鸢尾、泽泻等挺水植物种
植在配有大口径的花盆中，这样密集种植起来景观性更强。浮床的高
度为 10 厘米，可为水生植物提供充足的浮力，每个浮板上都附有 12 个
不同方位的链接孔。

**（二）浮床拼接方法**

浮床单元间的连接可选择专用卡扣，一个扣子搭配 4 个扣钉，先将

19

链接扣插入浮床的连接孔，再将扣钉摁入即可。浮床中间4块浮板相连的位置使用整个链接扣；浮床边缘两两相连的位置仅需要半个链接扣，可用剪刀将链接扣一分为二用于浮床边缘位置。建议给浮床增加外框，以增加浮床的整体稳固性，防止外力撞击造成不必要的损坏，可采用PVC管沿着浮床四周首尾闭合连接，围在浮床外围可以起到加固、防撞和抗风浪的作用，还可增加浮床整体浮力和使用寿命。建议将尼龙扎带用于浮床主体及其边框连接加固，以增强浮床抗风浪性。

(三) 种植水生植物的方法

用植物介质（种植棉或池塘淤泥）包裹植物的根部和茎部，让一部分根部露出，不可只包裹植物茎部，否则会影响植物发芽。将包裹好的植物放入种植盆内，将植物塞到盆底并扶正，再将种植盆垂直放入浮板的种植孔内，让种植盆完全卡进种植孔，不得露出。施工过程中，一般先拼接好浮板再放植物和种植盆，徒手够不着的地方可以采用辅助工具；如需踩上浮岛安装，必须在浮板上铺设用于行走的木板，以免踩坏浮板。植物栽种完成后，可在花盆上铺一层石子或沙土，以增加花盆的重量，使其根部充分接触水，也使浮床更加稳固。

## 五、挤塑聚苯乙烯泡沫塑料（XPS）浮床制作方法

XPS是以聚苯乙烯树脂为原料，加上其他原辅料与聚合物，加热混合同时注入催化剂，然后挤塑压出成型而制造成的具有一定厚度和浮力的硬质泡沫塑料板。XPS具有完美的闭孔蜂窝结构，这种结构让XPS板有极低的吸水性、低热导系数、高抗压性、抗老化性。XPS浮床一般长、宽、高分别为1.2米、0.6米和5厘米，浮板上有3排共11个直径12厘米的圆空，孔内放置营养钵，钵内可种植水稻、花卉等高秆植物，植物载体可就地选择塘泥，既能解决池塘底泥过多的问题，还能为植物提供生长所需的营养物质。

## 六、其他浮床制作方法

凡是能浮在水面的、无毒的材料如废旧轮胎、泡沫、塑料瓶等，都可以用来制作浮床，可根据经济、取材方便的原则选择合适的浮床。

根据浮床植物载体部分空间构造的不同，可将目前广泛研究或使用的生物浮床大体分为平面结构（二维结构）生物浮床和立体结构

（三维结构）生物浮床；也可把前者称为"板式浮床"，后者称为"箱式浮床"。平面结构生物浮床的制作较为简单，但其能够水培的植物种类受到了较大的限制，因为很多植物需要直立生长；立体结构生物浮床虽然制作较为烦琐，但其能够适应更多种类的水培植物。

## 第三节　生物浮床设置区域与面积

### 一、架设区域

生物浮床的架设应充分考虑气候特征、池塘走向特点、池塘水位情况等综合因素。在实际开展生物浮床工作时，首先，生物浮床架设区应该不会影响鱼类投食区，保证鱼类能够正常摄食；其次，生物浮床架设区应该离增氧设备有一定的距离，保证增氧设备的工作效率；再次，生物浮床架设区应该方便其管理工作的开展（图2-8）。

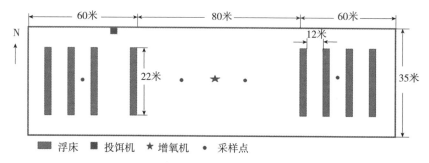

图2-8　试验池平面示意图（以10亩池塘为例）

多数养殖池塘的走向都是东西走向，这有利于增加太阳光照时间，提高生产力。在经常刮大风的地区，应该将生物浮床安置在池塘的上风口，并采取一定的措施将其固定，避免生物浮床被风吹散或损坏；在风力较弱的地区，应该将生物浮床安置在池塘的下风口，因为此区域营养水平相对较高，有利于生物浮床功能的发挥，同时结合池塘水位情况，采取一定的措施将其按照一定的方式固定在该区域，方便后期人工管理。

高密度聚乙烯（HDEP）浮床和XPS浮床的固定是生态浮床建造的重要环节，比较常用的方式有垫脚石锚固、木桩式固定、驳岸牵拉式固定等（图2-9），具体可根据地基及现场水系情况灵活选择。垫脚石锚固可采用重力抛锚的方式，可将装有大量沙土的锚袋用钢索绳子

绑扎后连接在浮床上,将浮床固定在水中合适的位置;木桩式固定可通过插入池塘底质的竹竿或木桩等支撑杆固定;驳岸牵拉式,漂浮式浮床可通过纤绳与岸边固定物相连或锚定于水底。如果浮床所在水域风浪较大,可采用尼龙绳扎带连接浮板种植孔进行连接固定,浮床下水时注意绑上绳索,防止任意飘荡造成不必要的损失。

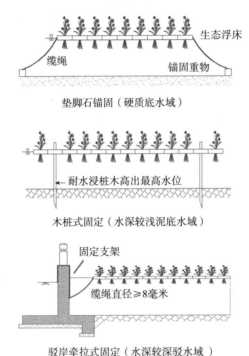

图 2-9　浮床固定方式

## 二、架设面积

池塘种植蔬菜是通过消耗水体有效氮、磷而达到净水的目的,较肥的池塘适合开展水上蔬菜种植,水质越肥,种植蔬菜比例越高。可以通过水色、气味、底泥深度和养殖年限来确定养殖池塘是否适合种植蔬菜。一般精养池塘,养殖周期 3 年以上,水色呈黄褐、褐绿、油绿、黄绿色的池塘水质较肥,适合开展蔬菜种植。生物浮床架设总面积占养殖水体总面积的 5%～15% 为宜。

在实践时,根据实际条件,需要结合考虑生物浮床和养殖对象的综合效益。对空心菜浮床的研究结果表明,浮床上的空心菜在大宗鱼类的鱼种养殖池塘水面正常生长，其累积的生物量最高达 12.63 千克/米$^2$（2.5％覆盖率），说明将空心菜种植于池塘水面是可行的。5％和 7.5％覆盖率的空心菜浮床对水体中的硝酸盐、磷酸盐、总磷等富营养指标均有良好的控制效果，2.5％覆盖率的水体上述各指标与对照池（零覆盖率）差异不显著，说明过低的覆盖率对氮、磷指标控制效果不强。5％覆盖率的鱼种池的草鱼、鳙、鲫的出塘规格和效益最好。但在成鱼养殖池塘中，7.5％的覆盖率对水质净化和产量提高具有显著的效果。

池塘种植不同比例（5％、10％）蔬菜的试验结果表明，两种种植比例试验在池塘溶解氧、氨氮、透明度等水质指标均有明显的改善，溶解氧基本上在 5.4 毫克/升以上，透明度由 15 厘米增加到 30 厘米以上，10％种植比例试验塘在透明度、氨氮方面均较 5％的有明显改善。因此，较肥池塘开展水上蔬菜种植，种植面积控制在 5％～15％较为适宜，能起到较好的净水和促生长作用，根据池塘水体肥瘦程度可适当地增减种植比例，但应控制在池塘面积的 20％以内。不同肥瘦程度池塘蔬菜种植面积比例详见表 2-2。

表 2-2　池塘种植蔬菜面积比例参考表

| 池塘年限 | 水体、底泥颜色 | 透明度 | 参考种植比例 |
|---|---|---|---|
| 3 年以下 | 水色浅，水质清淡 | 50 厘米以上 | 0％～3％ |
| 3 年 | 水色呈茶色、茶褐色、黄绿色、棕绿色 | 30 厘米以下 | 3％～5％ |
| 5 年 | 水色呈较浓，颜色黄褐色、褐绿色、深棕绿色 | 20 厘米以下 | 5％～10％ |
| 5 年以上 | 水色浓，颜色发黑，呈铜绿色 | 10 厘米以下 | 10％～15％ |

在鱼类健康养殖中，5.0％与 7.5％覆盖率的空心菜浮床可减少病害、提高产品品质，且促进鱼类生长效果显著，值得大力推广。空心菜浮床在成鱼养殖池塘中应用时，应调整放养模式，适当减少鲢、鳙放养量，而相应增加草鱼、鲤、鲫、鳊、鲂等吃食性鱼类的数量。

## 第四节　生物浮床的植物培育技术

### 一、生物浮床植物的种类选择

生物浮床技术是将适合无土水培的水生植物或改良驯化的陆生植

物移植到水面的浮床系统上，让植物在浮床系统上正常生长，通过植物根系的同化吸收等作用富集水体中的氮、磷等营养物质，然后以收割植物的方式使水体中的氮、磷等营养物质脱离水体，达到净化水质的目的。

目前，可用于浮床栽培的植物达130余种，大致上可分为水生类植物与陆生类植物。结合当地气候环境，从水生类植物中选择生物浮床植物时，首要考虑指标是其是否具有较快的生长率、较强的分蘖能力、较发达的根系以及较高产的生物量等，次要考虑指标是其是否具有一定的经济价值和观赏价值，比如水稻、蒲草、水葫芦等。但是，当从陆生类植物中选择生物浮床植物时，由于陆生类植物大多需要土壤环境，因而首先要考虑该植物是否易于水培，其次是其是否生长速度快、分蘖力强、根系发达、吸收能力强等，最后才是其是否是具有一定的经济价值和观赏价值。陆生类植物主要有水果蔬菜类、观赏花卉类、经济作物类，其中多叶类蔬菜是生物浮床植物的首选，如空心菜具备喜湿耐热、生长迅速、经济易得等优点，有关研究表明空心菜是理想的生物浮床植物。

空心菜属蔓生植物，根系分布浅，须根系，再生能力强；蔓叶生长适温为25～30℃，温度越高，生长越旺盛；喜充足光照，对密植的适应性也较强，对土壤条件要求不严格；喜肥喜水，耐肥力强，对氮肥的需要量特别大。

## 二、生物浮床植物育苗技术

不同的生物浮床植物，其育苗方法不尽相同，但整体上可以将生物浮床植物育苗方法分为露地育苗、保护地育苗、无土育苗三种形式。

露地育苗需在温暖季节进行，不需或只需一些简单设备，要选用干燥地块作畦，灌水方便，排水通畅；保护地育苗是冬春季节或炎热季节在风障、阳畦、大棚、温室等保护设备/设施下进行育苗；无土育苗是利用营养液直接育苗，可利用营养液浇灌砂、砾石、炉渣等基质育苗，此法培育的幼苗，出苗快而整齐，可缩短苗龄，提高质量，便于实现育苗的机械化管理。

尽管三种育苗方法的技术各有所异，但育苗过程基本相似，主要包括 3 个步骤。

**（一）第一步：种子的选择及处理**

**1. 种子的选择**

要选择合适的种类和品种，同时要检查种子的成熟度、饱满度、色泽、清洁度、病虫害和机械损伤程度、发芽势及发芽率等指标。

**2. 种子的处理**

通过浸种、催芽和消毒等措施对种子进行处理，可减少种子带菌，达到出苗整齐和增强幼苗抗性的目的。浸种是保证种子在有利于吸水的温度条件下，在短时间内吸足从种子萌动到出苗所需的水量。浸种容器可用干净的瓦盆、瓷盆或塑料盆，不要用金属或带油污的容器。浸种后，为促使幼胚迅速发育，应确保适宜的温度、湿度和氧气浓度。一般将浸种后的种子洗净，用干净的湿布包好，放入垫有秫秸的瓦盆里，以免底部积水使种子霉烂，上面盖上潮湿的麻袋片或毛巾，以保持湿度，然后把瓦盆放在催芽箱内。消毒有药粉拌种和药水浸种两种方法。药粉拌种是在浸种后，用种子重量 0.3% 的杀虫剂或杀菌剂与种子充分拌匀即可，也可与干种子直接混合拌匀。常用的杀菌剂有敌克松、多菌灵、福美双、退菌特等，杀虫剂有敌百虫粉等。药水浸种是把种子先在清水中浸泡，然后浸入药水中，按规定时间消毒，捞出种子后，立即用清水冲洗，即可播种或催芽后播种，但需要严格掌握药液的浓度和消毒时间。

**（二）第二步：播种**

**1. 调制好苗床培养土**

培养土是培养壮苗的基础，培养土不仅要具备各种无机盐营养，还要有丰富的有机质和良好的物理结构，以提高通气、增温和保水保肥能力，以利于秧苗根系的生长。秧苗的根量越大，整个植株的鲜重也越大。培养土可就地取材，选用比较理想的材料来调制。人工配制培养土有困难时，可就地将表土过筛后，每平方米施入 25~30 千克优质有机肥，拌匀耙平后备用。

在播种前，为防治地下害虫，先在苗床坑内撒施 2.5% 敌百虫粉（每个标准畦用药 15 克，加细土 250 克拌匀），然后填培养土。填土时要踩实，畦面要整平，保证浇水均匀。播种前 5~7 天，白天盖好透明覆盖物，夜间盖草苫，以提高地温。

**2. 确定适宜的播种期及播种方法**

适宜的播种期要根据当地的气候条件、蔬菜种类、栽培方式、苗期是否分苗以及适宜的苗龄、苗床种类和定植期等，全面考虑确定定植期后，以适宜苗龄的天数向前推算出播种期。确定播种期时要考虑到蔬菜的生育特点、育苗设备及技术水平等条件，灵活掌握，不可盲目提早播种。确定适宜播种期的同时，还要确定播种量。根据种植计划，计算出各种蔬菜播种床及分苗床的面积，以及所需的种子数量。

播种时要浇足底水，湿透培养土。选晴天上午播种为好。一般阳畦播种方法有撒播及点播两种。

（三）第三步：苗床管理

苗床管理的目标是要保育苗全、苗齐和苗壮的秧苗。

**1. 发芽期**

从种子萌动到第一片真叶显露为发芽期。从播种到出苗，要求有充足的水分、较高的温度和良好的通气条件，以促进幼苗出土。一般喜温蔬菜对地温要求较高，通常为 20～35℃。

**2. 幼苗期**

从第一片真叶破心到苗的适宜形态定植称为幼苗期。这一段时间要求适宜的温度、强光照和较好的营养条件。在管理上要适当控制营养生长，促进花芽分化和根系发育。

**3. 锻炼幼苗**

在准备定植前，为使幼苗能适应露天的环境条件，缩短缓苗时间，要加强通风，降低温度、环境湿度和土壤含水量，特别是通过加强夜间的通风降温等来锻炼幼苗，逐步缩小幼苗期环境条件与定植苗后环境条件的差异。这是培育壮苗的最后一个重要环节。

通过上述管理，培育出的壮苗标准应该枝叶完整、无损伤、无病虫、茎粗、节短、叶厚、叶柄短、色浓绿、根系粗壮、侧根发达，而且根茎叶中含有丰富的营养物质，抗性强，定植后恢复生长快。

## 三、生物浮床植物的栽培技术要点

（一）水上移植时间

实践证明，在中国中西部地区如重庆、四川、湖北等地，植物水上移植苗种的最佳时间为 5 月中下旬至 8 月上旬，此段时间的最低气温多已达到 20℃ 左右，最高气温也多已达到 25℃ 以上（甚至接近 40℃），是植物苗壮生长的最佳时间。而宁夏、新疆、陕西等西北地区，移植苗种时间则应延后 15～30 天。

水上移植要在水温达到 25℃ 以上且光照充足的情况下进行。虽然 5 月中下旬至 8 月上旬这段时间跨度较大，温度差异大，但气温变化还是有一定的规律，即 5 月中下旬至 6 月中上旬，平均气温不会超过 30℃；而 6 月中下旬至 8 月上旬，平均气温一般高达 35℃。因此，在进行苗种水上移植时，应该充分考虑当天的天气情况。一般，在 5 月中下旬至 6 月中上旬这段时间，除了 11：00—14：00，其他时间都适合水上移植，但最好选择在下午或阴雨天进行，避免高温对处于恢复期的苗种造成伤害；而在 6 月中下旬至 8 月上旬，由于气温太高，最好选在 17：00 以后，即日落傍晚之时或阴雨天进行水上移植，如此，苗种成活率才会较高。

（二）水上移植方法

水上移植苗种的方式主要有 3 种，第一种是直接抛撒法，即将苗种直接抛撒在生物浮床上即可；第二种是扦插法，即人为地将苗种按照一定的方式或规则扦插在生物浮床的植物载体结构上（图 2-10）；第三种是采用营养钵的方式将苗种泥团移植到浮板或浮岛上。

图 2-10　水上蔬菜扦插方法

实践发现，上述移植方式各有优缺点。直接抛撒法的最大优点是节省劳力、速度快；缺点是苗种移植不均匀，不抗风力，容易漂散。扦插法的优点则是苗种移植均匀，苗种抗风力较强，不会漂散；但最

大的缺点是需要大量的劳动力。营养钵移植法的优点是植物选择多样、成活率高，如水稻、高秆花卉等植物都能种植，且具有浮力和抗风能力；缺点是浮床成本和劳动力成本较高。

另外，如果在高密度养殖塘进行生物浮床植物种植工作，必须考虑养殖对象的食性。如果池塘养殖对象对浮床植物有较高的食物选择性，那么，就必须采取相应的防摄食措施，以保障浮床植物的正常生长。

在实际工作中，防止养殖对象摄食浮床植物的措施主要有以下两种。

第一种措施，是在生物浮床植物载体部分的下面另外构建一个防摄食结构，多采取网目很小的聚乙烯渔网围成一个封闭的结构，此措施多在养殖对象会摄食浮床植物根系的情况下使用。

第二种措施，是使用双层聚乙烯网片制作浮床植物载体结构，将植物苗种扦插在上层网片上，此措施多在养殖对象不会摄食浮床植物的根系的情况下使用，效果很好。

这两种防摄食措施各有其优缺点，第一种措施的优点在于能够满足各种浮床植物的水上培养工作，而缺点是生物浮床制作工艺较烦琐、成本较高；第二种措施的优点在于成本低廉、生物浮床制作工艺简单，而缺点是只能用于部分满足上述条件的浮床植物的水上培养工作。因此，在实际工作中，应该综合考虑各因素，选择合理的防摄食措施。

（三）移栽密度

生物浮床植物移栽密度需要考虑两个主要因素，即植物本身特性与水体水质条件。

不同的生物浮床植物，水上移栽密度各不相同。水质较肥，饲料投入较多的池塘，浮床植物移栽密度可以稍大一些，反之则要稍低一些。移栽密度需要根据池塘水质肥瘦和饲料投入情况适时进行调整。

四、生物浮床植物管理技术

相对于陆地种植的后期管理工作而言，水上培养的后期管理工作就显得较简单，主要搞好施肥和防风浪等工作即可。

生物浮床植物的施肥管理类似于陆地种植的施肥管理工作，每次苗种移植后，要及时追肥，但给生物浮床植物施肥要使用叶面肥。

一般当生物浮床上移植苗种 10～15 天时，可根据实际情况，进行第一次追肥，喷洒以尿素为主要营养物质的叶面肥，浓度为 2%（浓度不能太高，因为太高容易烧叶），多在晴天 16：00 以后进行，有限期多在 60 天左右，因而后期追肥次数较少。同时，由于水上培养的空心菜几乎没有虫害，相比而言，生物浮床的施肥工作显得简单轻松。

另外，需要及时防治青苔。当水体较"瘦"时，在空心菜移栽数日后，内层浮床基质上可能出现较多的青苔。青苔会阻塞网孔，造成晴天午时床体上浮，致使空心菜生长瘦弱或被晒死。解决方案：当青苔发生量不多时，可以通过适当肥水解决；当青苔过量繁殖、明显影响空心菜生长时，可在晴天 09：00—10：00 每平方米浮床用 0.75 克硫酸铜溶解后泼洒，十几分钟即可见效。

至于生物浮床的防风浪管理工作，定期检查固定装置有无损坏，做到及时发现及时修补即可。

## 五、收割与捕捞

空心菜等蔬菜采摘，当株高 25～30 厘米时就可采收，采收周期根据菜的生长期而定，一般 10～15 天采收一次。其他蔬菜根据生长状况适时采收。

水上稻谷的收割方法，从安全和方便的角度考虑，最好在船上进行操作。船只安全载重量 750 千克以上，可载 2 人以上（操作时穿救生衣，保证安全），船左右两边各一人，穿行在浮床之间，将应收植物收割后放在船上，满船后送上岸，运到指定地点。

重庆的精养池塘捕捞一般使用抬网，捕捞位置固定，鱼菜共生浮床对捕捞没有影响。可在食场底部预先敷设好抬网，需要时，将抬网四边提出水面，再将鱼集中在一角捞出，此法对水上浮床及植物无影响。但如果采用拉网捕捞，就应事先将全部浮床集中在池塘非起网的一边；若鱼躲藏在浮床下，可采取竹竿击水等声响驱逐鱼类，拉网沿浮床外侧下水，逐步向预定起鱼区拉拢，直至将鱼捕获。拉网捕鱼时，一定要兼顾浮床设施，以免损坏浮床。

干池清塘捕捞时，要注意及时调节浮床两端固定绳，及时放松，以免绳受力断裂而损坏浮床。干池后，浮床位于池底，对浮床影响不大；之后蓄水时，浮床会随水浮起，再调节绳长度即可。

## 六、生物浮床清理及保存

采用 XPS 浮床，一年四季都可种植植物，只是黑麦草收割完后，种植下一轮植物时，需要清理掉种植钵中的老基质，再补充新的固定基质。一定要注意，不要将 XPS 浮床拆散后再搬回仓库保存，即便冬春季不种植物，浮床也应浮在水面上，等待第二年继续使用。

# 第五节　冬季植物栽培技术

## 一、冬季品种选择

在冬季平均气温为 0℃ 以上的地区开展鱼菜共生综合种养模式，无需升温，一般只需选择合适的冬季种植品种。冬季养殖池塘水环境相对较好，在品种选择上主要以喜冷、喜湿（能够在冬季生长）的植物为主。适合冬季种植的品种有草莓、鱼腥草、黑麦草、茉莉花、满天星等。

黑麦草
水上栽种

## 二、冬季植物栽培技术要点

下面以黑麦草为例介绍冬季植物栽培要点。

黑麦草属多年生植物，秆高 30～90 厘米，基部节上生根质软。叶舌长约 2 毫米；叶片柔软，具微毛，有时具叶耳。喜温凉湿润气候，宜于在冬季不太寒冷地区生长。10℃ 左右能较好生长，27℃ 以下为生长适宜温度，35℃ 以上生长不良。不耐旱，尤其夏季高热、干旱不利其生长。对土壤要求比较严格，喜肥不耐瘠。可多次采收，可做草食性鱼类饲料，是较为优质的冬季种植品种。黑麦草种植宜在 11—12 月。

### （一）池塘选择

交通方便、面积较大（最好是 0.33 公顷以上）、有一定底泥、水质较肥的老池塘（新塘水质太瘦不利于植物生长），有船（安全载重量 750 千克以上）。

### （二）浮床覆盖率

浮床覆盖率按小于 10% 池塘水面积即可。

（三）浮床及种植钵

采用 XPS 浮床。单块 XPS 浮板长宽厚分别为 120 厘米、60 厘米、5 厘米，每块有直径为 13 厘米的圆孔 14 个（按 3 排布置，边侧的 2 排各 5 个，中间 1 排 4 个）。每亩浮床需浮板 926 块，圆孔内放置上口径 15 厘米的双色花盆作种植钵，每亩浮床需 XPS 浮板 13 000 个，种植钵内装满池塘底泥，在种植钵中平铺树叶、纸片等防止底泥渗漏。

（四）浮床设置

浮床设置位置尽量不影响渔业生产操作，一般设在投饲区和抬网区以外的地方。浮板连接方式和水稻种植连接方式一样，用左右各一根直径 4 毫米左右的聚乙烯绳和 21 号聚乙烯网线将浮板连成行，行间距 1 米左右，以利行船操作和透风、透光、透气。

（五）播种与管理

在装满底泥的种植钵中直播 20～30 粒黑麦草种子，无需施肥用药，待黑麦草长到 30 多厘米高时，可多次收割，投喂草食性鱼类。到第二年 4—5 月，清空种植钵，再选择夏季种植品种进行水上种植。

（六）植物越冬管理

在冬季温度为 0℃以下的地区，不应开展冬季鱼菜共生综合种养技术；在冬季温度在 0℃以上的地区，冬季鱼菜共生综合种养管理与夏季基本相同，为避免短期结冰造成的植物冻伤，应特别注意植物根系应没入水中或在种植钵基质中。

# 第三章

# 池塘多品种植物共生种养技术模式

## 第一节　池塘鱼-稻共生种养技术

本节以"鱼＋水稻＋黑麦草周年轮作"为例介绍浮床植物的栽培技术要点。鱼＋水稻＋黑麦草周年轮作一般是在3月中旬（以当地农时为准，下同）用陆地温棚育苗技术培育水稻秧苗，4月下旬将秧苗移栽到浮床上种植，8月下旬收割水稻，9月初在种植钵里直播黑麦草种子，轮种黑麦草，至第二年4月上旬，黑麦草收割完毕，清理种植钵，重新装入秧苗固定质，进行第二年水稻种植。

### 一、池塘养殖

#### （一）池塘选择

交通方便、面积较大（最好是0.33公顷以上）、水肥（透明度30厘米左右，水越肥则稻谷、黑麦草产量越高）、有船（安全载重量750千克以上）。

#### （二）池塘养鱼种类

按常规养殖技术，可主养草鱼、鲫等吃食性鱼类，一般每公顷鱼产量在15 000千克以上。

### 二、浮床设置

#### （一）浮床设置位置

浮床设置位置尽量不影响渔业生产操作，一般设在投饲区的相对方位。浮床左右各用一根直径4毫米左右的聚乙烯绳和21号聚乙烯网线将浮板连成行，行间距1米左右，以利行船操作和水稻透风、透光、透气。必须注意的是，浮板只能与绳相连，浮板之间决不能相连，否则会因风浪作用导致浮床弯曲时浮板受力过大而损坏。绳两端加一段铁丝后固定在池塘两岸（主要是防止绳被池埂磨断而使浮床相互挤压，使浮板局部受力过大造成断裂；若 XPS 板断裂，可用 21 号聚乙烯网线缝合再使用，不影响使用），浮床长度根据池塘宽度而定。在水稻栽秧前将浮床设置完毕。

（二）浮床覆盖率

按池塘水面积的 10％～15％（水肥取上限、水瘦取下限）确定浮床面积。

（三）浮床及种植钵

采用重庆市万州区鱼种站首创设计、生产的 XPS 浮床。XPS 浮床无毒、不吸水、浮力大、使用寿命长（正常可使用 5～10 年）、平整美观，报废后可熔化成原料再次生产 XPS 板。在生产工艺上要求 XPS 质量等级较高（不能用普通等级板）、不压齿不切边，具有较好的整体性和强度。单块 XPS 板长宽厚分别为 120 厘米、60 厘米、5 厘米，每块有直径为 13 厘米的圆孔 14 个（按 3 排布置，边侧 2 排各 5 个，中间 1 排 4 个）。每亩浮床需浮板 926 块，圆孔内放置上口径 15 厘米的双色花盆作种植钵，每亩浮床需 13 000 个，种植钵内装满秧苗固定质（池塘底泥、卵石粒、陶粒等均可，主要作用是固定秧苗）。

## 三、水稻栽种

（一）水稻品种

凡经国家或省级良种审定部门审定且适合当地种植的水稻品种都可用于水上种植。米质、产量、抗倒伏性等综合效果较好且适宜重庆地区池塘水面种植的水稻品种有宜香优 2115、粮两优 1790、川优 6203、万优 66 及丰优香占等。

在选择水稻品种时，若米质、产量相近，宜选择株高较矮的，其稻谷成熟时抗倒伏性更好，可减少稻谷损失。

（二）秧苗移栽

水稻播种育秧、秧苗移栽等随农时按常规农艺要求进行。一般苗龄期 30～40 天可移栽秧苗。在装满固定质的种植钵内 1 钵栽 1 株谷苗，

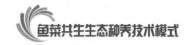

将秧苗插稳即可。

### 四、日常管理

水稻不需要施肥、打药，日常管理十分简单。但为了稻谷产量高，也应及时人工拔除种植钵中的杂草，以免形成草害。

### 五、水稻收割

#### (一) 收割时间

至8月下旬，当谷粒90%呈黄色时即表明稻谷成熟，可收割。第一批稻谷收割时，若留作再生稻，稻桩应留30厘米以上；若不留再生稻，收割时尽量割成熟的稻穗，而青色的稻草须待稻谷收完后紧挨稻草桩底分批收割用于喂草鱼。

#### (二) 收割方法

建议划船进行水稻的收割。一般用安全载重量750千克以上的小船（长4～5米，宽1.1～1.3米，深0.4～0.6米），载2人（穿救生衣），船左右两边各一人，穿行在浮床之间，将应收植物收割后放在船上，满船后送上岸，运到指定地点。脱粒、晾晒、风选、仓储等与常规农艺要求相同。稻谷产量与水质肥瘦有关，一般水质条件下稻谷亩产在400千克左右，较肥的水质亩产可在600千克以上。

### 六、水稻收割后管理办法

第一批水稻收割后蓄留再生稻的，在10月底可再次收割（再生稻谷每公顷产量一般在1 500～2 250千克）。

水稻稻草收割完后，在种植钵中直播20～30粒黑麦草种子，进行黑麦草轮作。待黑麦草长到30多厘米高时，即可收割喂草鱼，以后可多次收割。黑麦草每公顷产量可在11.25万千克以上。

第二年4月黑麦草收完后，腾空种植钵，重新装入固定质（杜绝用头年老的固定质），继续下一周年的水稻、黑麦草种植。

## 第二节　池塘鱼-花共生种养技术

鱼-花共生种养技术不仅能够美化环境、改善水质环境，选择合适的花卉品种和种植方法还可以产生较高的经济效益。适合水上种植的花卉品种包括茉莉、满天星、美人蕉、鸢尾、梭鱼草、海寿花、再力花、伞草等。

## 一、池塘的选择

应选择交通便利、空气流通、水质优良、水源充足、进（排）水独立、水深 2 米左右、池底淤泥稍厚、光照时间较长的池塘进行鱼-花共生种养。鱼塘面积以 5 ～ 10 亩为宜，方便管理。

## 二、花卉种植

### （一）品种选择

应首选多年生、分裂生殖、花色多样、花期长的品种。多年生花卉不需要每年种植和移植，像美人蕉、鸢尾、再力花等一次种植可以生长多年，可减少劳力的投入；美人蕉、铜钱草等行分裂生殖，一株花卉可分成多株，可降低种植成本，有利于就地扩大规模；美人蕉有红叶、粉色、黄色等不同花色的品种，颜色艳丽，更加有利于造景；满天星花期长，茉莉在花期内可多次开花，这类花卉品种观赏时间长，观赏价值高。

### （二）浮床选择

浮床选择 HDEP 生态浮床单元，用直径 50 毫米的 PVC 管组合成圆形或多边形等形状，置于池塘中。

### （三）花卉种植

池塘浮床首次种植花卉一般采用有土种植，将种植钵直接放入种植单元中，根据不同植物对水的需求不同，可以选择适宜规格的种植钵。美人蕉、梭鱼草、再力花、伞草等喜水植物可将超过1/2的种植钵没入水中，而茉莉、满天星等则宜将1/3的种植钵没入水中。等到根株分裂较多时，可直接在种植钵中灌满塘泥，把花株分成2～3株种于种植钵中。

### （四）日常管理

种植过程中不用施肥、不用打药。由于花卉种植在浮床上，当浮床上花卉生长过高、根株分裂较多、生物量过大时，易发生浮床损坏和植物倾倒的情况。为避免浮床过载，应及时修剪和分株，有利于花

卉保持快速生长，也有利于延长浮床的使用时间。

### 三、池塘养殖

花卉相对蔬菜一般根茎粗壮，特别是水生类花卉在池塘水面适应性强，受池塘鱼影响较小，因此鱼-花共生池塘一般不受养殖鱼品种的限制。养殖模式可以是80∶20养殖模式（即养殖80％的摄食配合饲料的价值较高的鱼类的同时，养殖20％的非摄食配合饲料的鱼类如滤食性鱼类）。因花卉美化环境、改善养殖水质效果显著，还可以选择在内循环微流水养殖、陆基式集装箱养殖等现代化的集成养殖模式中也可种植花卉。鱼池病害防控和日常管理参考对应养殖模式的管理方法。

### 四、收获上市

#### （一）花卉

池塘水面花卉种植要注意及时修剪和分株，对花卉植物进行造型。当花卉在浮床中基本长满种植钵，进入或即将进入花期，达到上市规格时，可以上市销售。再用新的种植钵装满新的池塘底泥，分株植入新的花卉。

#### （二）水产品

水产品达到上市规格后，可用抬网或拉网在非种植区域起捕，可采用"捕大留小、轮捕轮放"的模式捕捞上市。

## 第三节　池塘鱼-果共生种养技术

丝瓜、苦瓜类藤蔓植物，一般具有较高的茎或者蜿蜒的藤，需要有固定的攀附物，适合在池塘岸边固定种植；而草莓等贴着地面生长果实的种类，果实遇水易变烂，在种植中必须在浮床表面覆盖薄膜，既可防水又便于排水。

### 一、池塘的选择

应选择交通便利、空气流通、水质优良、水源充足、进排水独立、水深2米左右、池底淤泥稍厚、光照时间较长的池塘。鱼塘面积以5～10亩为宜，方便管理。

## 二、瓜果类种植

### (一)品种选择

室内或坡地异位陶粒基质可种植瓜果类植物,池塘的围墙边可种植丝瓜和苦瓜类藤蔓植物,在室内工厂化鱼菜共生系统则可种植草莓、丝瓜、苦瓜、茄子、西红柿等品种。

### (二)浮床选择

在池塘边种植丝瓜、苦瓜一般选择 HDEP 生态浮床单元,浮床单元直径 20 厘米,其在池塘中可随池塘水位变化上下浮动,因此置于池塘边时需要用尼龙绳进行固定。

室内工厂化鱼菜共生系统如用陶粒做基质铺设而成的种植系统,种植品种多样。可根据不同瓜果类植物喜水喜湿性不同,通过水流速度、铺设坡度、陶粒厚度和植物种植深度来确定,顶部则通过悬挂绳子来固定瓜果类植物的茎,支持直立生长或者作为藤蔓类植物的附着物。

PVC 管道式鱼菜共生系统,指用 PVC 孔管制作的导流系统,其通过在种植钵中放入海绵固定苗株生长。该系统除可种植生菜、白菜等蔬菜外,也可种植草莓等瓜果。

### (三)瓜果种植

池塘种植
丝瓜

在池塘种植丝瓜、苦瓜,选择废弃的塑料桶或者砂灰桶,底部开5~8个小孔,桶中装 2/3 的池塘底泥,底部铺一层树叶或纸片防止底泥渗漏。将装有底泥的桶放入 HDEP 生态浮床单元,桶底没入水中1/3,固定在池塘边,每隔 1 米固定一个生态浮床单元,在桶内种植自己培育或购买的优质丝瓜苗或苦瓜苗 2~3 株。

室内工厂化鱼菜共生系统,若是用陶粒做基质铺设而成的种植系统,陶粒铺设厚度应在 5 厘米以上,直接将培育或购买的草莓、茄子和西红柿等苗株,按 10~30 厘米的间距成排种植。

PVC 管道式鱼菜共生系统,只需将购买的草莓苗株用海绵固定于种植钵中,将种植钵置于 PVC 管道的孔中,管道中有养殖系统中流过的富含营养物质的水体供植物生长。

### (四)日常管理

由于种植的瓜果类植物在岸边或者在工厂化养殖系统,没有水体

和鱼形成的屏障,在生长过程中易受到病虫害侵扰,日常管理中应做好病虫害防治,同时要避免药物进入水体对鱼产生损害。

在池塘岸边种植丝瓜、苦瓜,应坚持每天巡塘查看,避免因种植钵被挂或搁浅岸边离开水面,导致植物缺水死亡。

在室内工厂化养殖系统用陶粒做基质种植的瓜果,应在植物高度达 20～30 厘米时开始用绳牵着茎或藤蔓,以促进藤蔓生长,并防止植物倾倒。

### 三、池塘养殖

该种模式下鱼类养殖适用 80：20 养殖模式和工厂化养殖模式等。鱼池病害防控和日常管理参考对应养殖模式的管理方法。

### 四、收获上市

#### (一)瓜果
瓜果成熟后直接采摘上市。
#### (二)水产品
水产品达到上市规格后,可通过拉网在非种植区域起捕,采用"捕大留小、轮捕轮放"的模式捕捞上市。

## 第四节　池塘鱼-菱角共生种养技术

菱角用途广,肉质丰富,富含蛋白质、维生素、氨基酸且具有多种药用功效,可作为特色蔬菜在市场销售。池塘实行鱼-菱角共生种养有很多好处:一是菱角可以进行光合作用,为池塘提供溶解氧;二是菱角会将共生的鱼类的排泄废物作为营养盐循环利用,有效去除富营养化水体中的总氮、总磷及化学需氧量;三是菱角可以抑制青苔等不利于鱼类生长的水生生物的生长繁殖,为鱼群提供适宜的生长环境;四是菱角有较高的经济价值,可使池塘养殖经济效益提高 30％以上。

### 一、菱塘的选择

应选择交通方便、空气流通、水质优良、水源充足、进排水独立、水深 2 米左右、池底淤泥稍厚、光照时间较长的池塘进行鱼-菱共生种养。鱼塘面积以 5～10 亩为宜，方便管理。

## 二、菱角的种植

菱角属 1 年生草本浮叶植物，在温度 13℃ 以上开始萌芽，一般从种子发芽到果实成熟约需 150 天。

### （一）菱种选择

一般选择红菱等品种，重庆地区一般选择 2 角大红菱，该品种产量高，植株分枝力强，商品外形好。留种的菱角要求角尖细，仓饱满。每次采菱时，拎起菱角菜轻抖，菱角自行脱落为成熟种子。菱角从花谢至成熟约 30 天。采收的菱角种阴干 5～6 天，用沙埋藏备用。

### （二）菱角种植

菱角种植分菱种直播和育苗移栽两种方式。生产中为提高出苗率和成活率，一般先催芽再播种。

**1. 催芽**

一般在 2 月底 3 月初开始催芽，将种菱盛放于容器中，加入 5～6 厘米清水浸泡，上盖薄膜晒暖，白天利用阳光保温催芽，夜晚加盖毛巾或草帘保湿催芽，每隔 5～6 天换一次水，待种菱胚芽长出 1～2 厘米时即可播种。

**2. 播种**

（1）直播栽培法 播种方式以条播为主。条播时，根据菱池地形划成纵行，行距 2.6～3 米，用种量 75～150 千克/公顷。

（2）育苗移栽法 种菱发芽后移至繁殖田，待菱角抽芽分叶 5～6 片时方可进行幼苗定植，每 8～10 株菱盘为一束，用草绳结扎，用竹竿叉住菱束绳头，栽至水底泥土中，按株行距 1 米×2 米或 1.3 米×1.3 米定穴，每穴种 3～4 束，一般移栽密度为 10.5 万～12 万株/公顷。为确保共生鱼类的生长需求，菱角种植面积应控制在池塘水面的 60%～70%。

## 三、鱼苗放养

放养鱼种前，菱池要先注水至 6～10 厘米深，然后每公顷用生石灰 1 125～1 500 千克均匀撒施，以杀灭病菌。苗种放养量视水深、水质、是否进行投饵和管理条件等而定。一般每年 3 月下旬放苗，11 月收获。

在鱼种下塘前，应先用2%～4%的食盐水浸洗鱼体4～5分钟，以预防疾病。放养密度：①草鱼苗种为体长12厘米的大规格鱼种，放养密度为1.2万～1.5万尾/公顷。②鲫夏花放养密度为4.5万～7.5万尾/公顷。③泥鳅体长8～10厘米，放养密度为750～1 500千克/公顷。

## 四、菱角塘的日常管理

### (一)菱角的生长管理

播种前对水域进行清理，清理杂草青苔，捕捞草食性鱼类。播种前水位应控制在1米左右，待菱苗出来后，再逐渐加深到1.5米，最深不超过2米。若出现暴雨等特殊情况，要及时抢排。在生长过程中水位不宜大起大落，否则影响分枝和成苗率。

### (二)鱼类活动空间管理

为保证水中有充足的氧气供鱼类呼吸，池塘水面不能满覆菱盘，因此必须用毛竹、竹片将菱盘隔开，以保证有30%～40%的水域供鱼类活动。

### (三)水质管理

池水透明度保持在25～30厘米。适当投喂商品饲料，以满足鱼的摄食要求，具体方法按常规养殖操作。池塘要定期补充新水，每月注水1～2次，每次加注新水20～30厘米。每15～20天，全池泼洒1次生石灰浆，生石灰用量为每次每公顷150千克，以改善水质、调节pH。坚持经常巡塘，注意观察鱼的状态，并做好防泛塘、防病、防盗等工作。

### (四)病害防治管理

鱼-菱角共生用药要做到菱鱼兼顾，既要保证菱角不发生严重病害，又要保证用药不会对鱼类造成伤害。用药的原则是"可用可不用时坚决不用"，一定要用药时选择低毒高效的农药或生物制剂。

## 五、收获上市

### (一)菱角

一般7月底8月初开始采摘上市，每7天左右摘1次，持续到10月底，霜降后菱角盘散落水中即止。该模式平均可收菱角10 500～12 000千克/公顷。

（二）水产品

9月开始，采用笼捕和夜间在放水口设网接鱼相结合的方式进行泥鳅捕捞；待10月底菱角采摘完毕，年底时放水捕捞鲫、草鱼等鱼类。该模式可收获草鱼9 000～11 250千克/公顷、鲫3 750～4 500千克/公顷、泥鳅（成鳅）3 375～3 750千克/公顷。

# 第五节　池塘藕-鳅共生种养技术

池塘藕-鳅共生种养技术运用鱼菜共生原理，在泥鳅养殖池塘的浅水区域种植莲藕，利用泥鳅与莲藕的共生互补，将渔业和种植业有机结合，进行池塘"鱼-水生植物"生态系统内物质循环，实现传统池塘养殖的生态化、休闲化和景观化。

## 一、简介

### （一）泥鳅

泥鳅属鳅科、泥鳅属。形体小，细长。体形圆，身短，皮下有小鳞片，颜色青黑，浑身沾满了自身的黏液，因而滑腻无法被握住。泥鳅广泛分布于中国、日本、朝鲜、俄罗斯及印度等地。在中国各地均有分布，南方分布较多，北方不常见。泥鳅被称为"水中之参"，是营养价值很高的一种鱼。全年都可采收，夏季最多，泥鳅被捕捉后，可鲜用或烘干用，可食用、入药。

### （二）莲藕

莲的地下茎叫藕，属睡莲科植物，水生类蔬菜，形状肥大有节，内有管状小孔。莲藕微甜而脆，可生食也可烹食，而且药用价值相当高。

## 二、池塘建设

修建鳅池要求阳光充足、水源充足、交通便利、通信方便，池塘不宜过小，以0.2～0.5公顷为宜，修建0.5米水深的鱼池，莲藕面积占整个鱼池面积的20%～30%。池塘需整修池埂、田埂，加设防逃设施。要求池埂高出水面30厘米，水深1.5～2.5米，池边无杂草，做成斜坡状，四周池壁无缝隙。

## 三、增氧设施

泥鳅虽然可以用肠道和体表辅助呼吸，能耐低氧，但泥鳅生长同样需要较高的溶解氧，低于4毫克/升时其生长受到抑制，且容易患病。为确保泥鳅健康生长，减少鱼病发生，需改善泥鳅养殖的水环境。泥鳅养殖的池塘增氧机按照15千瓦/公顷配置，可综合使用叶轮式、水车式、涌浪、微孔增氧等不同类型增氧机。

## 四、苗种放养

### （一）泥鳅苗种

5—6月，投放3～4厘米的鳅种120万～180万尾/公顷，要求鳅种规格整齐，饱满有活力。待鳅苗基本适应鱼池环境后，投放3～4厘米的鲢鱼苗4.5万尾/公顷，鳙苗种0.75万尾/公顷，不能放养其他抢食性强、规格大的品种。

### （二）莲藕种植

2—3月，在清明到谷雨期间种植莲藕，不宜过晚。每亩用藕300千克左右，行距为150～200厘米，株距为60～100厘米。排藕方法：按规定的株行距排藕，一般藕头埋入秸秆中12～15厘米，把节稍翘在水面上，以利用阳光提高温度，促进萌芽。

## 五、敌害防御

敌害防御是泥鳅养殖过程中一个关键环节。根据泥鳅生长的特点，从小规格到商品规格的泥鳅，规格越小敌害对其危害越大。在没有防御措施的情况下，苗种阶段损失特别大。泥鳅的天敌主要包括黄鳝、青蛙、老鼠、水蛇、蝙蝠以及一些食鱼鸟类。为提高泥鳅养殖成活率，在离岸30厘米的四周围网，在池塘上方搭建天网，防止鸟类对泥鳅的捕食。

## 六、投喂管理

泥鳅生长速度快，营养需求高，更需选择营养均衡、蛋白优质的泥鳅专用配合饲料，选择大厂家口碑好的配合饲料。投饵率可参考表3-1。

表 3-1　不同规格泥鳅的饲料蛋白需求、投饵率和投喂次数

| 规格（克/尾） | 饲料蛋白含量（%） | 投饵率（%） | 每天投喂次数 |
|---|---|---|---|
| 1～5 | 37 | 6～8 | 8 |
| 6～10 | 35 | 4～6 | 5 |
| >10 | 33 | 3～5 | 4 |

　　每天实际投喂量应根据天气、温度、水质，以及泥鳅摄食情况适当调整，建议使用投饵机投喂。

## 七、病害防治

　　泥鳅养殖过程中常见病害有寄生虫病和细菌性疾病。

### （一）寄生虫病

　　规模化的养殖鱼塘泥鳅的寄生虫病不多，病原有车轮虫、斜管虫、三代虫、指环虫等。

**1. 症状**

　　一般浮于水面，急促不安，或在水面打转。

**2. 防治方法**

　　用甲苯咪唑、原虫净或敌百虫等药物进行针对性杀灭。

### （二）细菌性疾病

**1. 赤皮病**

　　（1）症状　泥鳅身体两侧、腹部、尾部、鳍根部、肛门等部位的皮肤发炎，严重的肌肉腐烂。溃疡灶容易感染车轮虫等寄生虫。有的泥鳅并发肠炎病，肛门红肿。病鳅食量减少，消瘦，出现死亡。

　　（2）防治措施　内服氟苯尼考、肝胆康与三黄散，连用 3～5 天；外用聚维酮碘、二氧化氯等（任选一种），全池泼洒，每天一次，连泼 3 次。可适度换水，改善水质。加强管理，降低养殖密度。

**2. 肠炎**

　　（1）病因　当水体溶解氧不足或鳅塘底部水质恶化时，泥鳅游到水面不断地呼吸空气后继续抢食，出现肠道"一节饲料、一节空气"的症状。养殖户投饵率过高，或天气剧烈变化时没有减料和停料，也会加重泥鳅肠道消化负担，导致发病。

　　（2）防治措施　①科学使用增氧机，添加微生物制剂调节水质，

改善鳅塘底部环境，保持良好的水环境。②控制投饵量，以泥鳅吃食七成饱为宜。③内服药可用氟苯尼考等抗生素加维生素C。

### 八、捕捞

#### （一）抬网捕捞

抬网网衣长 25 米、宽 20 米、深 3 米，材质为尼龙，网目 0.5 厘米。左右两侧网衣加上沉子。配备钢管 3 根，小钢丝 500 米，绳子300 米，滑轮 3 个，滚筒 3 个，小船一只。

#### （二）围网捕捞

使用长 50 米、高 5 米、网目 0.5 厘米的围网捕捞。

#### （三）地笼加网箱捕捞

将定制地笼和小网箱连接起来，在泥鳅数量较小时使用（如在清池前使用）。

### 九、莲藕收获

在泥鳅上市后，使用高压水枪采摘莲藕。

### 十、晒塘清池

商品泥鳅和莲藕收获出池后，排干池水，在烈日下曝晒 10～20 天，促进底泥中有机物的氧化分解、消除病原菌的危害，把底泥清理到浅水种植莲藕区域。同时用生石灰进行全池泼洒一遍后再翻动底泥、曝晒。清整好的池塘注入新水，注意应采用密网过滤，防止野杂鱼进入池内，待药效消失后，方可放入泥鳅鱼种。

## 第六节　池塘鱼-中草药共生种养技术

笔者对一些中草药植物开展了无土栽培试验，取得了成功，如山药、桔梗、菊花、绞股蓝、紫苏、丹参等。目前，已有企业投资建设中药材无土栽培生产示范基地。鱼类养殖产生的富营养水即相当于无土栽培的营养液，因此理论上中草药植物均可在鱼菜共生系统中生长。本节以我国西南地区常见的一种药食同源植物——折耳根为例，介绍池塘鱼-中草药共生种养技术。

## 一、池塘的选择

池塘应选择交通便利、空气流通、水质优良、水源充足、进排水独立、水深 2 米左右、池底淤泥稍厚、光照时间较长的池塘。鱼塘面积以 5～10 亩为宜，方便管理。

## 二、种植

### （一）品种介绍

折耳根（四川、云南、贵州）中文正式名称是蕺菜，俗名鱼腥草（《本草纲目》）、狗贴耳（广东）、猪鼻拱（四川）。属腥臭草本植物，有异味。叶片心形，托叶下部与叶柄合生成鞘状。阴性植物，怕强光，喜温暖潮湿环境，较耐寒，15℃可越冬，忌干旱，以肥沃的砂质壤土或腐殖质壤土种植最好。全株入药，有清热、解毒、利水之效。嫩根茎可食，我国西南地区人民常作蔬菜或调味品。因其市场需求旺盛，开发种植潜力巨大。

### （二）浮床选择

折耳根池塘种植可以采用 XPS 浮床带土种植或 PVC 管＋聚乙烯网片浮床无土种植两种方式。

**1. XPS 浮床带土种植**

选择单块 XPS 浮板，长、宽、厚分别为 120 厘米、60 厘米、5 厘米，每块有直径 13 厘米的圆孔 14 个（按 3 排布置，边侧 2 排各 5 个，中间 1 排 4 个）。每亩浮床需浮板 926 块，圆孔内放置上口径 15 厘米的双色花盆作种植钵，每亩浮床需 13 000 个，种植钵内装满池塘底泥，种植钵中平铺树叶、纸片等防止底泥渗漏。浮床设置位置尽量不影响渔业生产操作，一般设在投饲区和抬网区以外的地方。浮板连接方式和水稻种植连接方式一样，用左右各一根直径 4 毫米左右的聚乙烯绳和 21 号聚乙烯网线将浮板连成行，行与行之间间距 1 米左右，以利行船操作和透风、透光、透气。

**2. PVC 管＋聚乙烯网片浮床无土种植**

用直径 50 毫米的 PVC 管制作 2 米×1 米的浮床，浮床下层用网眼 1 厘米的密网，上层用网眼 3 厘米的疏网，在网片中间固定 2～3 个塑料瓶，防止种植的折耳根沉入水中烂叶烂根。

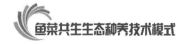

（三）种植

**1. 采用 XPS 浮床带土种植**

1—3 月种植，每个种植钵插入 3～4 株折耳根苗，将种植钵放入 XPS 浮床中即可。

**2. 采用 PVC 管＋聚乙烯网片浮床无土种植**

每隔 10 厘米，将 1～2 株折耳根苗插入网片中，种植过程中避免叶子浸入水中，否则易烂死。

（四）日常管理

池塘水上种植模式一般因水体肥度高而不用施肥追肥。

种植初期应加强巡塘管理，折耳根苗移栽初期易受风浪影响，叶片易倒入水中，初期茎秆较难固定，巡塘发现歪倒的应及时扶正，没有成活的应及时补栽新苗。

折耳根茎叶均有鱼腥味，很少有虫害。平时应加强管理，待生长达到采收条件时及时采收。

## 三、池塘养殖

该种模式下鱼类养殖适用 80：20 养殖模式和工厂化养殖模式等。鱼池病害防控和日常管理参考对应养殖模式的管理方法。

## 四、收获上市

（一）折耳根

折耳根水上种植模式采用无土栽培或少土栽培，根系较少，一般采收上部茎叶，根留在浮床中可继续生长，多次采收。

（二）水产品

水产品达到上市规格后，可用抬网或拉网在非种植区域起捕，可采用"捕大留小、轮捕轮放"的模式捕捞上市。

# 第七节　池塘立体式鱼菜共生种养技术

## 一、共生蔬菜栽培技术

（一）浮架制作

浮架的结构简单，制作方便，凡是能浮在水面的材料都可作为制作浮架的材料，如 PVC 管、PE 管、竹子、泡沫等，可根据经济、取材方便的原则选择合适的浮架。

通过几年的实践，综合考虑浮力、成本和浮床牢固性的原则，一般采用 PVC 管（75 管）制作浮床。按照 1 米×2 米或 1 米×4 米规格，四端用弯头连接并密封，上下两层用上疏下密两种聚乙烯网片拴牢制成浮床，主要作用是使蔬菜漂浮水面生长，防止食草性鱼类吃菜和控制茎叶生长方向。下层网片密度规格适中，既要固定菜根、防止鱼吃菜，又有利于水体交换。养殖户可根据自己池塘的实际条件，按照移动、清理、制作、收割方便的原则，选择合适规格的浮架。

（二）蔬菜种类选择

栽培蔬菜种类应选择根系发达、耐水、净水能力强的蔬菜、瓜果、花卉、饲草等植株，利用其发达的根系与庞大的吸收表面积，进行水质的净化处理。可选择的品种有空心菜、水芹菜、水白菜、生菜、菱角、丝瓜、南瓜、西瓜等。经实践，栽种空心菜、水芹菜、菱角、丝瓜等效果较好。

（三）种植面积的选择

种养面积与池塘面积的比例关系到生物间的生态平衡、物质循环和能量流动。实践表明，鱼单产在 12 000 千克/公顷左右，1.5～2 米水深的精养池塘栽种 5%～15%池塘面积的蔬菜，可取得较好的效果。蔬菜种植的比例应根据池塘水质的肥瘦、水体大小、养殖鱼类的多少合理确定。

（四）栽培方法

主要采用移植的方式栽种，如 PVC 浮架可采用直接栽培法、营养杯栽培法和泥团栽培法。直接栽培法指直接将植物茎秆（空心菜、水芹菜等）按 20～30 厘米的株距插入下层较密网目。营养杯栽培法主要是采用花草培育杯，将杯内置入营养液或泥土（塘泥），按 20～30 厘米的株距（瓜类株距 1 米以上）放入浮架，此法成活率较高，但相对烦琐，成本也较高，适用于瓜类定植。泥团栽培法主要是指将植物茎秆直接插入做好的小泥团（塘泥即可），按 20～30 厘米的株距放入浮架，此法成活率相对较高，操作也简单方便，成本低。

（五）收割方法

以空心菜为例，可采用手摘、剪刀剪以及用镰刀收割。手摘、剪

刀剪等方法具有选择性，采摘的蔬菜也均匀，对长势也没有影响；镰刀收割具有快捷、范围大、省时省力的特点，但其选择性差，会将成熟和未成熟的蔬菜全都收割，影响植株后续生长和产品市场销售。

（六）浮床清理及保存

在收获完蔬菜或者换季种植蔬菜时，应通过高压水枪或者刷子将架体上以及上、下两层网片上的青苔等杂物清理掉，置于阴凉处晾干；若冬季未进行蔬菜种植，应将浮床置于水中或者将其清理加固后堆放于阴凉处，切不可在室外雨淋日晒。

## 二、共生鱼类养殖技术

（一）池塘条件

池塘以长方形东西向为好（长宽比约为 2.5∶1），有效蓄水保持 1.5～2 米，面积 2～10 亩为宜。池塘背风向阳，不渗漏，池底平坦，进排水方便。

（二）水质条件

养殖水必须符合《渔业水质标准》（GB 11607—1989）规定，池塘最好保持透明度在 30 厘米以上。同时保证水源方便，水量充足。池塘养殖尾水排放符合《淡水池塘养殖水排放要求》（SC/T 9101—2007）规定。

（三）养殖品种

选择优质鱼类（如鲫、草鱼、团头鲂、泥鳅、黄颡鱼等）为主养品种。养殖品种的选择须考虑三个因素：有市场（适销对路）、苗种可得（有稳定的人工繁殖鱼苗供应）、养殖具有可行性（适应当地池塘生态系统）。

（四）养殖模式

采取 80∶20 养殖模式。

（五）苗种放养

苗种放养前应先分批栽种各种蔬菜等植物。苗种放养前 15 天左右用生石灰或漂白粉带水清池。鱼种要求体质健壮、规格整齐、无病无伤，搭养鱼类的个体不得大于主养鱼类。放养密度根据养殖情况而定，如鲫池塘放养密度：每亩投放 50～60 克的大规格鲫鱼种 1 500～2 000尾，50～150 克的鲢 80 尾，100～250 克的鳙 20～30 尾，50～100 克的团头鲂 100 尾。

### （六）饲料投喂

饲料是鱼类和蔬菜的主要营养源。鱼菜共生养殖以投喂颗粒饲料为主，饲料有良好的稳定性和适口性。饲料投喂坚持"四定"（定时、定位、定质、定量）、"四看"（看季节、看天气、看水质、看鱼吃食和活动）原则，一般每天投喂 3 次。

### （七）日常管理

在整个成鱼养殖过程中，日常管理是一项经常性、多方面、细致性的工作。按照《水产养殖质量安全管理规范》（SC/T 0004—2006）要求，做到责任到人，专人巡塘。巡塘时要注意清理跃入浮架内的鱼，同时观察水质、蔬菜生长情况以及鱼类活动和吃食情况，检查有无鱼病等异常情况。建立生产日志，按时测定水温、溶解氧，记录天气变化情况、施肥投饲量、鱼的活动情况等。池塘日志是有关养鱼措施和池鱼情况等的简明记录，是分析情况、总结经验、检查工作的原始资料，并作为下一步改进技术、制订计划的依据。

### （八）鱼药使用

严格按照《鱼药使用规范》（SC/T 1132—2016）要求使用鱼药。

## 三、注意事项

（1）上下两层网片要绷紧，形成一定间距，控制植物向上生长和避免倒伏。

（2）浮架应呈带状布局，可以整体移动，以便根据需要变换水域和采摘。

（3）加强对水质变化的观察和监测，了解实施效果。

（4）注重多模式融合，与集装箱循环水养殖模式、池塘工程化循环水养殖、底排污生态化技术改造模式等有机结合，实现养殖尾水循环使用或达标排放。

# 第四章

## 大水面富营养化水体鱼菜共生治理技术模式

### 第一节 大水面水体污染生态修复技术

#### 一、放养滤食性鱼类处理富营养化水体

##### （一）生物操纵以及非经典生物操纵技术原理

生物操纵是一种耗资少的生态修复技术，利用生态系统食物链原理，以及生物的相生相克的关系，通过改变水体的生物群落结构来改善水体水质，恢复水生态系统的生态平衡。非经典生物操纵理论，即通过控制凶猛鱼类及放养滤食性鱼类（鲢、鳙）来摄食浮游藻类，从而控制水华，使有益藻类形成优势种群。

##### （二）鲢、鳙摄食特性及其作用

鲢幼鱼主要以浮游动物为食，成鱼则主要摄食浮游植物；鳙的整个生命周期都主要摄食浮游动物，偶尔也摄食浮游植物。当水体中浮游生物组成发生改变时，鲢、鳙的主要摄食种类也会发生相应变化。因此，鲢、鳙在控制水体富营养化和水华方面有一定的效果，鲢对铜绿微囊藻水华有明显的控制作用，对硅藻和大型绿藻也有很好的去除效果，进而促进湖泊、水库等大水面水体中氮、磷营养盐水平的降低。鲢、鳙对微囊藻也有强烈的控制作用。目前，利用滤食性鱼类修复富营养化水体已经应用在滇池、巢湖的水污染治理中。

##### （三）鲢、鳙在水生态系统氮、磷循环中的作用

鱼类在转移营养盐方面有重要作用，尤其是对于水体流动性不大、交换量不大的较为封闭的湖泊、水库等水体。鱼类能将一部分初级生产力转化为次级生产力，最终以鱼产品的形式带出水体，但作为水生态系统中的消费者，鱼体在带出营养物的同时也伴随着一系列的反馈

作用。众所周知，浮游动物在生命活动中向水体释放的大量溶解性营养盐能被浮游植物直接吸收、利用，水体中的氮、磷含量若过高将会导致藻类大面积暴发，使藻类生长加快、繁殖周期缩短，生物量增加，初级生产量升高，从而引起水体的富营养化。鲢、鳙通过滤食浮游生物将一部分营养盐转化为鲢、鳙机体的组成成分，通过从食物链吸纳水体中的氮、磷，并以鱼产品的形式从水生态系统中带走氮、磷，从而降低水体营养物的含量；另一部分以排泄物的形式排出体外进入水体，再通过水体微生物的分解作用，氮、磷又重新进入循环系统中，从而被鲢、鳙再次吸收、利用，加快了水体氮、磷的转化速率。

## 二、水生植物复合系统处理富营养化水体

水生维管束植物中的漂浮植物在水面漂浮生长，根系悬浮在水体当中，不扎根于底泥，吸收养分速度快，既易于收获处置，又具有高效净化污水的能力。以凤眼莲为例，它的茎短缩，基生叶排列成莲座状，叶柄的中下部膨大，形成气囊，利于植株漂浮在水面上，是漂浮水生植物的代表。其叶柄中部具有葫芦状气囊，海绵组织发达，构成了许多相互连接的大大小小的气室和气道，因此具有显著的气体贮藏和气体交换能力。富营养化水体当中有相当一部分氮通过根系介导的微生物氮转化过程，以气态氮（$N_2O$、$N_2$）形式由植株的通气组织释放到大气当中。

富营养化水体在流经水生植物复合系统之后，水中的总氮、总磷、无机铵氮、硝态氮、正磷酸盐被有效地去除，水面上巨大的植物叶面遮挡阳光也能有效地抑制藻类的生长，使水质和水体透明度得到改善。

## 三、生态浮床处理大水面富营养化水体

### （一）生态浮床净化原理

生态浮床技术就是应用无土栽培技术，把水生植物或改良驯化的陆生植物移栽到水面或移植到可承受其重量的人工载体材料上，植物伸入水中的强大根系通过吸收、吸附作用截留水体中的氮、磷等营养物质，通过收获植物体的形式将营养物质移出水体，从而达到净化水质的目的。生态浮床技术中植物的存在可以降低水流速度，这为悬浮物的沉淀创造了良好的条件。当污染水体流过时，不溶性的胶体就会

被根系吸附而沉淀下来，同时附着于根系的菌体在内源呼吸阶段发生凝集，凝集的菌胶团可以把悬浮物和代谢产物沉降下来。

（二）生态浮床的类型及结构

生态浮床按制作材料可分为有机材料浮床、生物秸秆浮床和无机材料浮床，按浮床植物栽培方式分为干式浮床（浮床植物不接触水体）和湿式浮床（浮床植物接触水体）。利用生态浮床技术处理水体污染常采用湿式浮床。湿式浮床又分有框的和无框的，前者使用比较普遍。湿式有框浮床一般由四部分组成，即浮床框体、床体、基质以及浮床植物。浮床框体要求坚固、抗风浪，多用管、毛竹等材料制作而成，形状各不相同。目前使用的有机高分子床体材料多为聚苯乙烯泡沫，它具有体轻、稳定、成本低且可重复利用等特点。基质则以弹性好、能吸附水分的海绵或椰子纤维为主。

（三）生态浮床的制作方法及过程（详见第二章第一节）

第一步，准备泡沫制作而成的床板，或者用木头、竹子等可以漂浮的材料搭建成三角形或长方形的类似于床板的物体。

第二步，用绳索将床板连接固定，在水中测试其稳固性，然后在上面填上种植土和肥料。

第三步，把整个浮体固定在合适的位置，再用绳索固定在岸边或者用绳索连接固定物体在水下固定。

第四步，种植完成后约有半个月的缓苗期，缓苗期间要注意光照和水位的调节，防范自然灾害。

第五步，间隔一段时间就要清除浮床上滋生的杂草，检查每个浮床间连接的是否牢固，水流大小，水位高低等。

（四）浮床植物选择原则

生态浮床治理技术在大水面水体富营养化处理过程中发挥关键作用的是浮床植物。在选择浮床植物时，需要考虑植物的生物学特性、耐污性、耐寒性、耐水性以及对氮、磷去除能力等，应当秉承以下几个原则。

1. 有较强的耐水性

生态浮床治理技术是将在陆地或湿地上种植的高等陆生植物种植到水面，力求取得与陆地种植相仿甚至更高的收获量与更好的景观效果，因此，有较强的耐水性能是选择浮床植物的重要原则。

**2. 有较强的耐污能力和较好的去污效果**

在水体富营养化严重的大水面区域，利用生态浮床治理技术净化污染水体时应优先考虑对氮、磷等营养物有较强去除能力的植物，而且应根据不同的污水性质选择不同的浮床植物，如果选择不当可能会导致去污效果不佳或者植物死亡。

**3. 水生根系发达**

浮床植物的净化功能与其根系的发达程度和茎叶生长状况密切相关，因此选择浮床植物时，必须全面考虑它的根系状况。一般而言，根系越发达的植物，去污效果越好。

**4. 经济性原则**

选择生态浮床植物除了考虑生态效益（净化水质）之外，还应该考虑经济效益。所选植物种类应具备繁殖能力和适应能力强，栽培容易，管理、收获方便的特性，此外还应具有一定的经济价值或者景观价值。

（五）组合浮岛技术

组合浮岛以浮床技术为基础，辅以微生物固定化技术和曝气充氧技术，搭载微生物载体、曝气装置，其对河道的净化能力整体高于传统浮床，主要由于组合浮岛体系中曝气系统为水体提供溶解氧及曝气装置对水体曝气的双重增氧作用，组合浮岛对河道的净化能力整体高于传统浮岛，可在污染治理方面发挥良好的作用。

# 第二节　大水面富营养化水体鱼菜<br>共生治理技术典型案例

云南省墨江哈尼族自治县库区罗非鱼养殖采取鱼菜共生生态网箱立体养殖模式。在该模式下，罗非鱼的残饵、粪便可被滤食性鱼类（鲢、鳙）摄食利用；水面种植的蔬菜则吸收利用鱼类排泄物中的营养素，如氨、氮和有效磷。这种模式，一方面可降低库区水体富营养化程度，达到净化水质的目的；另一方面又起到遮阳防浪的作用，改善了网箱中鱼类的生存环境，减少鱼类应激，达到了增产增收的效果。与传统网箱养殖相比，鱼菜共生生态网箱立体养殖模式在充分利用水体空间、提高饲料转化率、实现增产增收的同时，可有效减少氮、磷排放，是一种具有广阔发展前景的生态养殖模式。

# 第五章 干旱地区池塘鱼菜共生综合种养技术模式

本章以新疆为例介绍干旱地区池塘鱼菜共生综合种养技术。

## 第一节 干旱地区鱼菜共生发展现状

鱼菜共生技术的应用在南方多雨、水产养殖发达的省份应用较早，技术较为成熟。目前鱼菜共生在北京、山东、上海、江苏、浙江、湖北、重庆、四川、广东等多地已达到一定的产业规模，与传统的"稻渔共生"模式共同构成了生态种养的新格局。而在干旱地区，鱼菜共生技术的应用相对较晚。在我国新疆地区，鱼菜共生应用的主要对象是池塘养殖，通过制作浮床，将水生植物种植在水面上实现鱼菜共生。新疆地区的池塘养殖鱼类生长旺季主要在 5—9 月，水温在 22～30℃。鱼菜共生植物优先选择根系发达、处理能力强的水生植物，如空心菜、水芹菜等。

鱼菜共生技术的应用在新疆地区整体表现为规模小，规范化程度较低。初期迫于产业升级、提质增效的要求，鱼菜共生技术在新疆地区得到了小范围的应用，取得了较好的效果。后期在以乌鲁木齐为重点的池塘养殖区域，鱼菜共生受到了养殖户的青睐，这得益于中心城市人口聚集带来的休闲、垂钓、餐饮消费的需求。以米东区、昌吉市为代表，一些以休闲垂钓、采摘、餐饮为主的乡村旅游企业，通过鱼菜共生技术的应用，带动了种养相结合的模式在周边地区的发展，促进了水产品、农产品的消费。

在鱼菜共生技术推广应用方面，"十三五"期间，该技术在新疆地区累计推广面积 1.57 万亩，实现产值 13 224.25 万元，新增产值 2 026.7万元，新增利润 774.7 万元，节约水电、药物、饲料、人工等成本超过 66%，节水率达到 71% 以上。

鱼菜共生技术模式被应用于乡村振兴生态渔村建设和脱贫攻坚，还被列入农村人居环境改善工程项目和扶贫开发项目，助推 100 余户农渔民脱贫致富，户均增收 3 200 元以上。

新疆地区池塘水环境生态调控技术、高效养殖技术等研究滞后，并且缺乏成熟的配套养殖技术，在养殖过程中，难以支撑综合生产能力的增强和养殖效益的提高，影响到渔民收入的增加和产品竞争力的提升。此外，新疆地区水产养殖业还未完全走出传统的养殖模式，池塘占地面积大、耗水多，池塘养殖环境有待提升。从未来发展趋势看，受制于水资源匮乏的硬约束，渔业产业发展空间受到了空前的挑战，在新疆地区推广以鱼菜共生为代表的高效节水型综合种养技术，不仅符合地区资源条件与农业产业定位，还与节约、集约型农业相适应，有利于推动产业的绿色高质量发展。

# 第二节　干旱地区鱼菜共生种养技术

干旱地区与非干旱地区实施鱼菜共生种养在技术上大体相同，但是受干旱气候（尤其是温度）以及区位条件影响，在推广实践时要注意因地制宜。

## 一、浮床选择及制作

根据新疆地区池塘养殖的现有条件，考虑到冬季低温冻胀和夏季高温曝晒的影响，所制作的浮床须能够抗低温冻胀、抗老化。非干旱地区常用的 PVC 管制作的浮床，在新疆地区使用一年后，会因管道脆性增加而破损严重，不再适合使用，导致需要重新制作浮床，不仅成本增加，而且费时费力。因此，通常情况下，在新疆地区宜使用 PE 材质的管道，不但能解决低温冻胀和高温老化等的问题，而且一次制作可长期使用，省时省力。具体制作方法如下。

（一）材料选择

选择直径 75 毫米 PE 管作为浮床骨架，分别截成长 2 米的管道 4 根、长 1.2 米的管道 3 根；准备同径直角弯头 4 个，三通管 2 个。

（二）制作方法

利用热熔对焊机将 2 根长 2 米的管道分别焊接在三通管两端，形成浮床框架的长边，然后将 2 个直角弯头分别焊接在长边两端；采用同样的焊接方法焊接另一长边。最后将 3 根长 1.2 米的管道分别焊接在长边的两端弯头和中间三通管上，形成封闭的长方形浮床框架体。将尼龙网或者铁丝网捆扎在浮床框架上下两面，制作成完整的浮床。这样制作成的浮床，优点是冬季抗冻，夏季抗晒，不会出现管道内渗水的问题，使用寿命较长；缺点是成本较 PVC 管材质要高，一般长约 4 米、宽 1.2 米的浮床成本价在 230 元/套。综合考虑成本投入和区域条件特点，也可以就地取材，以节省成本。

## 二、水生植物的栽培

新疆春季短，风大，气温上升快，因此必须在夏季来临前做好水生植物的培苗工作，以延长水生植物的生长时间。如果采用自然培苗的方法，往往会延误时间。一般通过温室大棚培苗，做到提前播种、提早发芽。

适合新疆本地的池塘鱼菜共生植物有空心菜、水芹菜、草莓、苏丹草、芦苇、水稻等，养殖户种植空心菜、芦苇较多。不同植物，需根据其生理特点采用相应的种植方法。以空心菜为例，在冰雪融化后，需平整地块，将种子浸泡、播种并覆盖上地膜，做好田间管理；待池塘水温上升到 20℃以上，菜苗长高到 15 厘米左右时开始刈割，并扦插到浮床上，扦插时，保持株距 10～15 厘米，行距 10 厘米左右；按照池塘面积 5%～10%的比例，将种植好的浮床放入池塘，浮床在池塘中放置的方式可单独固定，也可将浮床首尾相连后用尼龙绳固定于池埂。按照池塘所在地风向，初期将浮床固定于池塘的上风口，防止种植的植物被大风吹散；待植物根系生长固定后，可将浮床移至适宜的位置。

## 三、浮式养殖平台鱼菜共生模式

该模式以高效节水为核心，通过建立离岸或近岸集流水养殖、水质净化、智能化控制为一体的养殖系统，构建"流水养鱼、池塘养水"的生态模式，实现养殖尾水的净化及循环利用（图 5-1）。

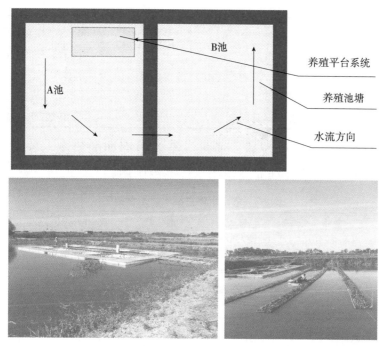

图 5-1　高效节水的浮式养殖平台系统示意图（上）及实景图（下）

在该模式下，每个养殖池水体体积约 7 米³，通过不同养殖密度的投喂试验，检验养殖池溶解氧动态变化，分别设置 19 千克/米³、32 千克/米³、46 千克/米³、60 千克/米³ 4 个不同放养密度水平，每个水平 2 个重复，分别测定投喂前和投喂 10 分钟、30 分钟、50 分钟、70 分钟水体的溶解氧。从试验结果看，水体中溶解氧随着密度增加而呈下降趋势，且随着时间的推移，密度越大，溶解氧越低，但均在 4.8 毫克/升以上，而此时放养密度为 65 千克/米³ 水体，完全满足养殖鱼类的溶解氧需求（表 5-1）。

表 5-1　不同放养密度下投喂时间与溶解氧变化规律（单位：毫克/升）

| 养殖池号 | 投喂前 | 投喂 10 分钟 | 投喂 30 分钟 | 投喂 50 分钟 | 投喂 70 分钟 | 载鱼量（千克） |
|---|---|---|---|---|---|---|
| 0 | 8.80 | 8.70 | 9.01 | 8.88 | 9.02 | 0.00 |
| 1 | 7.56 | 7.42 | 7.20 | 7.13 | 7.14 | 140.00 |
| 2 | 8.80 | 8.81 | 8.74 | 8.76 | 8.80 | 140.00 |
| 3 | 7.15 | 7.11 | 7.07 | 6.92 | 6.49 | 235.00 |
| 4 | 6.29 | 6.48 | 6.57 | 6.44 | 6.49 | 241.00 |

（续）

| 养殖池号 | 投喂前 | 投喂 10 分钟 | 投喂 30 分钟 | 投喂 50 分钟 | 投喂 70 分钟 | 载鱼量(千克) |
|---|---|---|---|---|---|---|
| 5 | 5.66 | 5.42 | 5.10 | 4.90 | 4.84 | 348.00 |
| 6 | 4.96 | 4.93 | 4.70 | 4.81 | 4.81 | 350.00 |
| 7 | 6.28 | 6.00 | 5.75 | 5.65 | 5.72 | 455.00 |
| 8 | 5.02 | 5.04 | 4.87 | 4.82 | 4.83 | 455.00 |

从养殖整体水质情况看，通过一个养殖周期的检测，养殖水体各项指标（表 5-2）均在渔业养殖用水标准范围内。

表 5-2　养殖水体主要水化学参数值

| pH | 总磷<br>（毫克/升） | 总氮<br>（毫克/升） | 硝酸盐氮<br>（毫克/升） | 亚硝酸盐氮<br>（毫克/升） | 氨氮<br>（毫克/升） |
|---|---|---|---|---|---|
| 7.79 | 0.34 | 1.75 | 1.28 | 0.001 | 0.012 |

在该模式下，植物浮床在维持池塘水质及水体温度稳定性方面有较强的作用，这是由于浮床植物既能通过叶片光合作用转化太阳能，又能起到遮阳的作用。植物浮床能有效除去水体中氮、磷等营养物质，抑制池塘浮游植物的生长，能降低池塘初级生产力。同时，浮床植物在提高水体透明度，显著降低水体化学需氧量以及氮、磷含量等方面有较强的作用。

池塘鱼菜共生的生态养殖模式可有效改善池塘的重要水质指标，该养殖模式在保护水体环境的同时获得更多的生态效益，达到环境和经济的双赢，是一种值得大力推广的生态养殖模式。

第六章

# 不同鱼菜品种搭配筛选技术

## 第一节　主养草食性鱼类池塘鱼菜共生种养技术

### 一、蔬菜栽培技术

#### （一）浮床制作

用 50～90 毫米的 PVC 管及弯头制作规格为 1 米×2 米或 1 米×4 米的浮架。下层采用网目<0.5 厘米的网片，防止草食性鱼类摄食蔬菜根茎。上层采用网目 2～4 厘米的网片用于控制茎叶生长。有条件的可采用立体式浮床、XPS 浮床、HDPE 浮床。用绳索将浮床呈带状固定连接起来，首尾固定在池边。

#### （二）种类选择

栽培蔬菜种类应选择根系发达、耐水性强和氮、磷吸收率高的蔬菜瓜果。夏季可种植空心菜、水芹菜、丝瓜、苦瓜及水上花卉植物；秋冬季可种植西洋菜、生菜、鱼腥草、瓢儿菜等。

#### （三）种植比例

精养池塘的蔬菜种植比例控制在池塘面积的 5％～15％较为适宜，根据池塘水体肥瘦程度可适当调整种植比例，一般不超过池塘面积的 20％。

#### （四）栽培方法

选择阴天或傍晚，将健壮无病害苗种带土或带营养钵按 20～30 厘米株距移植到浮床上。

#### （五）收割方法

根据生长情况适时采收，避免蔬菜腐烂和影响后续生长。空心菜等夏季蔬菜，当株高 25～30 厘米时就可采收，一般 7～10 天采收一次。

方法是从茎基部 2～3 节处采下，侧枝发生后在侧枝基部 1～2 节处采下，后期茎蔓过多时可将部分茎蔓从基部采下投喂草食性鱼类。

## 二、池塘养殖技术

### （一）水源条件
水源充足，水质良好。

### （二）池塘条件
池塘以长方形东西向为佳（长宽比约为 2.5∶1），水深 1.8～2.5 米，面积 5～10 亩为宜。池塘背风向阳，不渗漏，注排水独立，池底平坦，底泥厚度不超过 20 厘米。

### （三）苗种放养
苗种放养前 15 天左右用生石灰 100～150 克/米³ 干法清塘或 200～250 克/米³ 带水清塘。苗种要求体质健壮、规格整齐、无病无伤。鱼种用 3%～5% 食盐水浸浴消毒 10～15 分钟或用 20 克/米³ 高锰酸钾溶液浸浴 15～20 分钟。草鱼宜采用经注射疫苗的鱼种，可减少赤皮病、肠炎和出血病的发生。

放养比例按 80∶20 混养模式投放鱼种，可在提高饵料利用率的同时改善池塘水质，减少病害发生。主养草鱼的池塘每公顷可投放 75～100 克的鱼种 1.05 万～1.2 万尾，搭配 50～100 克的鲢 1 500 尾、鳙 450 尾。主养团头鲂的池塘每亩可投放 100 克左右的鱼种 1.5 万～2.25 万尾，搭配 50～100 克的鲢 1 500 尾、鳙 450 尾。

### （四）饲料投喂
根据天气、水温、溶解氧及水质状况定时、定量投喂，每次投喂量使鱼达八分饱即可。采用配合颗粒饲料和青饲料有机结合的方式进行投喂。每天投喂 2 次，颗粒饲料按鱼体重的 3% 左右投喂，青饲料按鱼体重的 30%～50% 投喂。草鱼饲料中适量添加维生素，防止发生肝胆综合征引起大量死亡。青饲料要求新鲜、清洁、无毒、适口性好。及时捞出未吃完的饵料，保持水体清洁。

### （五）日常管理
每天早、中、晚巡塘，监测鱼类是否缺氧、活动状况、摄食情况以及水质变化情况等。定期检测鱼类生长情况，及时调节投饲量。详细做好养殖生产记录、用药记录、销售记录。

5—10月，每15～20天用生石灰20千克/亩全池泼洒一次。高温季节，投饵量增加，水质易变坏，应及时采取相关措施调节水质。

（六）病害防治

坚持"预防为主、防治结合"的原则。养殖过程中严格做好鱼种消毒、食场消毒、工具消毒、水体消毒。定期使用生石灰、微生物制剂调节水质，营造良好的养殖水体环境。草鱼养殖过程中极易发生细菌性烂鳃病、肠炎、赤皮病及草鱼出血病，可通过注射疫苗降低发病率。

在不得不用使用渔药治疗时，严禁使用禁用渔药，在执业兽医师的指导下谨慎使用抗生素，提倡使用中草药，并严格遵守休药期制度。

# 第二节　主养泥鳅池塘鱼菜共生种养技术

主养泥鳅池塘鱼菜共生种养通过利用共生蔬菜吸收泥鳅养殖过程中产生的"废物"（泥鳅排泄物、剩余饲料等），将废物转化为共生蔬菜生长所需的养料，从而将养殖水体中的废弃营养物质"变害为宝"，促使养殖水体自然净化、维持稳定水质，从而减少渔药使用，提高泥鳅品质和产量，同时还可获得一定量的优质蔬菜。

## 一、池塘条件

池塘选择在向阳近水、便于管理的地方。池深180厘米，池底淤泥保持在20～30厘米，水深保持在30～50厘米，进出水口以铁丝网拦挡，防止泥鳅外逃。由于泥鳅有逆水上游的习性，四周沿出水口要高出池埂地面，不能让地面水直接流入池内。为了方便起捕，池中设与排水口相连的鱼溜，其面积约为池底面积的4%，比池底深30～35厘米，鱼溜四周用水泥、砖石砌成围挡或用木板围住。

## 二、清塘和肥水

放养前10～15天，消毒、整理鳅池，堵塞漏洞，疏通进排水管道，翻耕池底淤泥。然后用生石灰清塘，池水深10厘米时，用生石灰2 250千克/公顷化成浆后全池均匀泼洒。清塘后1周注入新水，注入的新水

经滤网过滤，防止野杂鱼混入。进水后开始施腐熟的农家肥，用以培养繁殖浮游生物，从而使鳅种下塘后即可摄食天然饵料。池水透明度控制在 20 厘米左右，水色以黄绿色为好。

## 三、泥鳅放养与蔬菜种植

### (一)泥鳅放养

鳅种放养要求规格大小一致，以免"大吃小"；体长 3 厘米左右，饱满有活力。在有流水条件的鳅池或具有较好的饲养管理技术的条件下，可适当多放养。放养鳅种前用 8～10 毫克/升的漂白粉液对养殖水体进行消毒，水温在 10～15℃时浸洗 5～10 分钟。待消毒药物毒性消失后，鳅种即可下池。投放 3～4 厘米的鳅种 120 万～180 万尾/公顷。

### (二)蔬菜种植

共生蔬菜采用生物浮床种植，蔬菜可选择空心菜、鱼腥草。

## 四、泥鳅养殖管理技术

### (一)投饵

泥鳅是杂食性鱼类，食谱很广。泥鳅的食欲与水温有密切关系，当水温超过 10℃时才开始进食，15℃时摄食旺盛，水温在 25～27℃时摄食量最大，生长最快，每天投喂量为泥鳅总体重的 2%～3%，投喂量以次日早晨不见剩食或略有剩食为度。为了防止泥鳅停留在食场贪食，可采取均匀布设多个食台的办法。

### (二)水质调节

养殖鳅池的水质保持"活、嫩、爽"为益，溶解氧大于 3 毫克/升，水色以黄绿色为佳。水色过浓时应减少投饵，注意及时调节水质。

### (三)巡塘

最好每天早、中、晚各巡塘 1 次，注意观察泥鳅和池水的变化，若发现问题及时采取措施。泥鳅具有较强的逃跑能力，平时多检查进出水口的防逃设施是否完好。

### (四)防止浮头和泛池

天气闷热、傍晚突降雷阵雨或连续阴天时要特别注意防止浮头和泛池。

（五）疾病防治

泥鳅的适应能力很强，只要管理得当，避免机械损伤，一般泥鳅很少发病。平时应注意预防，要经常消毒，抓好"三消"，即鱼体消毒、池塘消毒、食台消毒。若发现病死的泥鳅，应及时捞出，防止感染其他泥鳅，并对症治疗。

（六）泥鳅的起捕

在池塘的排水底口设置外套张网，随着水流从排水口流出，泥鳅慢慢集中到鱼溜中，并有部分随水流到张网中，再用水冲鱼溜使泥鳅集中到张网中；也可以将抬网置于食台附近，而后把香味浓厚的饵料做成团状放在抬网中作为诱饵，诱使泥鳅集中到抬网中。

## 五、空心菜栽种技术

（一）育苗

放养泥鳅以后，即可栽种空心菜。空心菜的育苗应选在 5—6 月。

**1. 育苗菜地要施足基肥**

一般每平方米施腐熟粪 3.0～4.5 千克，草木灰 0.08～0.15 千克，在整地时均匀地撒施在畦面上，使之与土壤充分混匀。

**2. 浸种催芽**

播种前，应对种子进行处理。用 30℃ 左右的温水浸种 18～20 小时，置于 25℃ 的环境条件下催芽，有 50%～60% 的种子萌发露白时即可播种。

**3. 播种**

每平方米用种量 9～15 克。播前除草。播种后用细土覆盖，浇水保湿。

**4. 出苗**

苗长到 12～15 厘米时即可移栽至浮床。

（二）浮床设置

浮床用网目 2 厘米左右的聚乙烯网片制成，宽 1～1.2 米，长度可根据需要而定。浮床呈长条形，浮于水面上。浮床安置在池塘中间，平行于池塘长边，两头系于水中木桩上。浮床每隔 2 米用横放的竹竿将网片固定伸展，每隔 4 米在水中竖立一木桩，用于固定浮床。在池塘中可平行放置 2～3 条浮床，浮床间隔 1 米（方便采摘）。浮床面积占池塘

面积的 1/5～1/4。

（三）浮床栽种

浮床栽种空心菜苗，应选择在傍晚进行。每平方米浮床栽种空心菜苗 40～50 株。

（四）采收

空心菜具分枝力强、茎蔓生长快等特点，增加采摘次数及每次采摘适量是获取空心菜高产的关键。一般在空心菜长到 25～35 厘米时即可采收。如果不及时采收，既影响空心菜食用的口感，又会降低产量。空心菜是多次采收的蔬菜，一般可以采收到 9 月中下旬。采收时应该把空心菜离浮床 4～5 厘米以上的部分全部采收。空心菜采收完以后每 1 千克左右扎成一捆，用刀把空心菜的根部切齐。空心菜的水分比较大，应该把切齐后的空心菜及时放到塑料袋里保存，以便于后续运输。

六、注意事项

（1）要做好防逃工作，尤其是在下雨天，水池池壁有缓坡的话，泥鳅会逆流而上，逃出池塘。

（2）在饲养一段时间以后，泥鳅的个体大小会出现很大差异，要及时采取"捕大留小"的方法，把达到上市规格的个体及时捕出出售，以提高整个池塘的鱼产量。

（3）定期采摘成熟的空心菜，以免其腐烂破坏水质。

## 第三节　主养杂食性鱼类鱼菜共生种养技术

主养杂食性鱼类鱼菜共生种养，指主养鲤、鲫、罗非鱼等杂食性鱼类的池塘，利用共生蔬菜吸收养殖过程中产生的"废物"（鱼类排泄物、剩余饲料等），达到养殖少换水、少用药，实现经济效益和生态效益双赢的技术模式。本节以罗非鱼池塘种植鱼腥草为例介绍主养杂食性鱼类鱼菜共生种养技术。

罗非鱼原产于非洲，俗称"非洲鲫鱼"，自 20 世纪 50 年代引入我国，在我国南方地区被广泛养殖，并逐渐成为水产品出口创汇的重要经济品种。但是随着罗非鱼养殖业的不断发展，一些地区由于高密度集约化的养殖，饲料和肥料的使用量加大，使池塘水体富营养化日趋严重，导致养殖病害增多、药残突出等一系列问题发生。罗非鱼池塘种植鱼腥草是一种解决上述问题的生态模式。

## 一、池塘的选择与准备

鱼菜共生池塘与传统的罗非鱼养殖池塘相比没有特殊要求，池塘面积一般为 0.2～0.3 公顷，水深 1.5～2 米，并配备微孔增氧系统。鱼种下塘前，对池塘进行清杂除草，平整池底，修缮池埂及进排水管道。使用生石灰 1 500～2 250 千克/公顷进行干塘消毒，再经 3 天曝晒后，池塘开始进水。进水后，再用漂白粉 7.5～11.25 千克/公顷对水体进行一次消毒。

## 二、鱼种放养

投放鱼种为大规格罗非鱼越冬种，平均规格为 48 克/尾，放养密度为 30 000 尾/公顷。同时搭配少量滤食性鲢、鳙，放养密度为 450～900 尾/公顷。当池塘水温稳定在 20℃左右时放养，鱼种放养前使用浓度为 1%～2% 的食盐水浸洗 5～10 分钟消毒。

## 三、鱼腥草栽培及管理

### (一)浮床的制作

浮床植物选用鱼腥草，浮床面积占池塘面积的约 50%，采用 HDPE 板制作浮床，每一块浮床用连接扣连接起来，用 PVC 管做成框架将浮床固定。再将浮床固定在打好的桩上。将预先培育好的鱼腥草苗（株高 20 厘米），按株行距 10 厘米×20 厘米进行扦插。养殖户还可以根据具体情况以经济、取材方便、操作灵活的原则选择合适的材料制作浮床，如利用毛竹、泡沫板、废旧塑料瓶等材料制作浮床。

### (二)鱼腥草栽培

鱼腥草以无性繁殖为主，其中以苗床扦插最为简易、省工。南方地区在 1 月至清明前后，选取粗大的地下根茎，剪成 6～8 厘米长，每节保留 3 个根节芽。苗床宽 1 米，长度视所需育苗量而定。在苗床上开横沟，按株距 5 厘米、行距 15 厘米左右埋植种茎，仅 1 个节芽露出地面即可。每亩需要种茎 40～50 千克。植后浇足水，畦面用地膜覆盖，

以保蓄水分。大约 30 天后，鱼腥草苗可移植到浮床，移植深度为 10 厘米左右，株距为 10 厘米，行距为 20 厘米。

（三）采收方法

生长过旺的植株，当苗高 25 厘米时要进行摘心，以抑制长高而发生侧枝。如果植株仅作为食用，则摘花工序必不可少。如有开花植株，应及时摘除花，以后随出随摘。如果植株作为药用，则不必摘花（中药学角度，有花穗的鱼腥草植株品质较佳）。采收方法是用清洁的刀在齐地面处割取地上部分植株或用手直接拔取。

## 四、养殖管理

（一）饲料选择

罗非鱼的饲料选取，要保证食物新鲜、营养全面，以人工配合颗粒饲料为主。

（二）驯化管理

在投放鱼苗 2 天后，需要在投喂点建设投料台。对鱼种驯化时，要先沿着鱼塘的四周进行投喂，接着逐渐缩小投食的范围，并将鱼群逐步引到投食点进行投喂。每天保持 1～2 小时的驯化时间，10 天后可直接在投食点投喂。

（三）投食技巧

每天定时进行 3 次投喂，具体的投喂时间根据气温和季节的差异进行相应的调整。6 月的投喂时间在 08：00 和 17：00；7—11 月的投喂时间在 08：00、14：00 和 18：00；12 月后的投喂时间在 09：00。除此之外，还要根据水质和鱼种的成长状况来对投喂时间进行灵活调整。

（四）水质调控

在投放罗非鱼养殖之前，池塘内用生石灰消毒，同时要注意对池水进行活化处理，切记不能使池水变为死水。通过不断的定期注水、排水处理，对水质进行调控，始终保证池塘内水质良好。在养殖过程中，始终控制水位在合理的范围内。大约在投苗 20 天后，再将生石灰化浆后整池泼洒，既能利用酸碱中和提高池水的 pH，又能促进浮游生物繁殖。此外，还要根据水质情况，适时施加肥料，使池塘水体透明度保持在适宜范围。

# 第四节　主养肉食性鱼类鱼菜共生种养技术

池塘主养肉食性鱼类鱼菜共生种养，指主养鲈、翘嘴红鲌、黑鱼、鳜等肉食性鱼类的池塘，利用池塘共生的蔬菜吸收养殖过程中产生的"废物"（鱼类排泄物、剩余饲料等）调节水质，达到养殖少换水、少用药，实现经济效益和生态效益双赢的技术模式。本节以主养加州鲈池塘种植空心菜等水生蔬菜为例，介绍主养肉食性鱼类鱼菜共生种养技术。

加州鲈属广温肉食性淡水鱼类，具有适应性强、生长快、病害少、易起捕、肉味美、营养价值高、市场前景好等特点，是调整池塘养殖品种结构、发展池塘高效生态养殖的重要经济鱼类之一。利用鱼菜共生技术原理主养加州鲈，可以提高池塘水体溶解氧和加州鲈生长速度，降低饲料系数，提升加州鲈养殖综合效益。

加州鲈池塘养殖技术的关键是前期养殖过程，当养殖规格达到50～60尾/千克后再转入成鱼塘养殖（即后期养殖过程），其养殖成活率较高，生长也较快。现重点介绍加州鲈池塘养殖的前期关键技术。

## 一、加州鲈苗种标粗

加州鲈苗种标粗的池塘，面积不宜过大。为了方便管理，外购的苗以体长3～10厘米为宜。一般而言，苗种标粗的池塘以0.2～0.3公顷为宜，土地利用率相对较高。前期水深为50～70厘米，后期为1.2～1.5米。池塘水不宜过深，以免阳光照射不透，致使底层水温低。另外，早期苗种体质较弱，若注水太深，鱼苗游动时受水压大，不利于鱼苗活动、觅食。缓慢注入新水有利于水中浮游动物的生长，增加加州鲈的天然饵料。由于加州鲈属于肉食性鱼类，饥饿时会"大吃小"，所以在苗种期尽量降低鱼苗的饥饿度，才能提高成活率。

（一）池塘条件

养殖池塘的底质最好是保水力强的壤土，这样水中的营养物质不易流失，土壤中营养盐也容易分解，有利于浮游生物的生长，加速天然饵料的形成。养殖鱼塘最好三年清一次塘，一般保留池塘淤泥厚少于20厘米，使养殖池塘有一定肥度。鱼塘周围的杂草及障碍物应及时

清除，以免影响光照，并防止藏匿的水蛇、老鼠、青蛙、野鸟等敌害生物偷袭鱼苗。苗种培育阶段对水质的要求不是很高，一般的江河淡水（符合渔业用水水质）都可用于养殖。养殖池塘应排灌方便。因苗种培育塘鱼苗密度大，投饵量多，饵料蛋白含量较高，水质极易败坏，因此要注意换水。尤其是春夏季节，容易暴发蓝藻，水中溶解氧低，易发生鱼苗死亡现象，应适当加注新水、改良底质。鱼苗养殖对于进排水系统要求很严格，进水泵或管一定要用密网扎住或套住，以防其他鱼苗进入养殖池塘。

加州鲈苗种标粗阶段，对溶解氧要求较高，增氧设备必不可少，每口鱼塘可以配备2台1.5千瓦的叶轮式增氧机。鱼种标粗池塘一般不建议使用投料机，人工定时撒料投喂，撒的面要宽、广，以免造成个体差异过大、鱼苗成活率低。

（二）放苗前的准备工作

**1. 清塘，池塘平整准备**

清塘即清除池塘野杂鱼类和敌害生物，为苗种提供安全、舒适的环境。整塘就是将池水排干，清除池底和池边杂草。必须先整塘，曝晒数日后，再用药物清塘。选择的清塘药物一般为生石灰和茶麸，先将生石灰（每公顷1 200～1 500千克）加水融化后不待冷却即向池中均匀泼洒，然后加注新水40～50厘米；三日后将茶麸（每公顷450千克）用水浸泡3～4个小时后向池中均匀泼洒。

**2. 池塘水体消毒、杀虫工作**

完成清塘、平塘工作后加注新水，一般3～5天内不进行水体消毒、杀虫工作。加注新水超过7天后，对水体进行消毒、杀虫，消毒3天后才开始放苗。

（三）鱼苗下塘及其管理

**1. 鱼苗下塘及注意事项**

鱼苗下塘前一般选用同规格、同种鱼苗试水，观察鱼塘水体是否存在消毒剂、杀虫药残留。如果试水鱼超过72小时仍然健康活跃，可安排放苗。鱼苗下塘一般选择晴天，气温在20℃以上。

**2. 放养密度及其搭配**

根据标粗规格不同，相应调整放养密度。3～5厘米苗种每公顷投放120万～150万尾，在20～25℃水温环境培育，投喂率控制在5%～8%，经过 45～55 天标粗可达 50～60 尾/千克的规格。一般苗种培育池塘不搭配鲢、鳙以及其他鱼类,以免影响苗种摄食。

**3. 苗种饲养管理**

饲料投喂有两种方式,即干法投喂和湿法投喂。在投喂过程中可以先用干法投喂,即使用高档加州鲈膨化饲料直接投喂,人工定点在食台附近撒投。湿法投喂,需要设置投料台,一般使用半圆的网箱用竹竿悬挂在池塘水面以下 10～15 厘米处,将膨化饲料添加适当水分,制备成面团状态,按每团 50～100 克放置于投料台,让鱼苗自由摄食。湿法投喂主要是在夜晚为鱼苗提供饲料,因为夜晚鱼苗还会饥饿,若找不到食物它们就会相互残食,造成鱼苗成活率降低。

**4. 苗种培育"四定"原则**

"四定"即定时、定点、定质、定量。

(1)定时 对于苗种培育,饲料投喂是关键,严格按照固定的时间投喂有利于鱼类尽快形成摄食习惯,便于鱼群集中等候。要求少量多餐,一般一天投喂 4 次,即早上第一次 08：00—09：00,第二次 10：00—11：00;下午第一次 14：00—15：00,第二次 17：00—18：00。

(2)定点 就是在固定的位置投饵。一般选择靠近塘边的投料台,便于摄食鱼类分塘后形成良好的摄食习惯。人工撒料要尽量撒开,让鱼苗都能摄食,否则个体规格相差较大会影响苗种成活率。

(3)定质 指饲料要求营养、安全、新鲜。苗种培育阶段对饲料要求较高,一般标苗阶段所需的饲料蛋白含量为 42%左右。

(4)定量 指每日根据鱼苗摄食情况、天气情况、水质状况来确定当日饲料投喂量,以饱食投喂为主。苗种培育阶段一般按照鱼类总体重的 5%～8%投喂,若遇到闷热天气、阴雨天,可以开增氧机投喂。非特殊情况不要停喂,否则会使鱼苗相互捕食,影响成活率。

**(四)苗种转塘,运输前的准备**

**1. 苗种标粗的日常管理**

标粗鱼苗塘的日常管理工作必须建立严格的岗位制度。要求每日巡塘 3 次,即 02：00—04：00、06：00—07：00、14：00—15：00 各一次。巡查要做到"三查、三勤",即检查早上是否浮头,中午检查鱼苗活动和摄食情况,晚上检查水质、天气、水温;勤捞蛙卵,勤驱赶

鸟类，勤清除塘边杂草。

**2. 拉网锻炼以及分筛过塘**

鱼苗经过 45～50 天的养殖即达到分塘饲养的规格，即鱼种。夏季水温高，鱼苗新陈代谢旺盛，活动能力强，抗应激能力较差，如果不拉网锻炼，到拉网转塘时很容易造成鱼苗死亡，在起捕前两三天可以拉 1～2 次网锻炼鱼苗。

鱼种经过一段时间的养殖后会出现大小不均匀的现象，需要分筛过塘养殖商品鱼，提高鱼苗成活率。一般鱼苗达到 2 厘米时分塘，每 7 天过筛一次，要求操作要轻，操作全程鱼苗都不要离水。起捕前可以向养殖池塘泼洒抗应激药物，减少鱼苗的应激。

体长达 6～8 厘米的加州鲈不再进行分筛，按照池塘自定产量（一般每公顷产量控制在 7 500～15 000 千克）进行投放，注意加强管理，防止因缺氧造成鱼大量死亡，尽量在市场行情较好时出塘上市销售。

## 二、空心菜栽种技术

参见第六章第二节主养泥鳅池塘鱼菜共生种养技术。

# 第七章

# 鱼菜共生池塘养殖技术模式

## 第一节 池塘"一改五化"生态集成养殖技术

### 一、技术概述

池塘"一改五化"生态集成养殖技术是 2009 年重庆市在渔业"保供给，保增收"中心任务的背景下提出并实施和推广的水产集约化养殖增产增效技术。"一改"指改造池塘基础设施，"五化"包括水质环境洁净化、养殖品种良种化、饲料投喂精细化、病害防治科学化、生产管理信息化等。该技术以池塘 80：20 养殖技术为主要模式，按照"一改五化"的技术要点，结合养殖新技术、新理念，注重池塘水质调节技术和节能减排技术的应用，使池塘条件并不优越的山区池塘实现每公顷产 15 吨鱼以上、收入万元以上。

该技术对于山地丘陵多、平原面积小，水源不足、提灌不方便，养殖成本高的地方发展水产养殖具有重要参考价值。按照"一改五化"的技术要点，在生产的各个环节严格把控，从技术层面保证养殖池塘的健康、高效运转，同时通过微孔增氧技术和水上蔬菜种植技术，进一步保证池塘养殖的节能、环保。微孔增氧可以打破水体水分层，保持鱼池的溶解氧充足；通过水上种植蔬菜，不用换水便可持续稳定地改良水质，同时收获蔬菜获得副产品，获得额外收益。该技术于2011—2018 年在重庆全市推广面积达 1.79 万公顷，渔民喜获丰收。

### 二、增产增效情况

使用微孔增氧与传统增氧机相比，可平均节省电费约 30％，池塘养殖的鱼、虾、蟹类等发病率平均降低约 15％，鱼产量每亩提高 10％，

虾每亩提高 15％，蟹每亩提高 20％，综合效益提高 20％～60％。同时，养殖品种的成活率和生长速度均有提高。

增设池塘底排污系统，有效减少了池塘底质中的底泥，减少了底层有害病原的富集，降低了水体底层的耗氧量，对改良水质、预防病虫害有良好效果。

以重庆市为例，2010 年重庆市池塘总面积达到 41 760 公顷，产量 17.83 万吨，平均单产仅有 4 275 千克/公顷，渔业专用塘面积 450 万公顷，平均产量也仅有 6 765 千克/公顷，低于全国专业池塘平均产量；通过大面积推广池塘"一改五化"集成养殖技术，到 2018 年重庆市推广面积达到 1.79 万公顷，实现亩均产 1 330 千克，总产量达到 35.6 万吨，亩均收入达到 1.7 万元，提高了渔民的养殖产量，养殖经济效益显著。

## 三、技术要点

### (一)改造池塘基础设施

**1. 小塘改大塘**

将用于成鱼养殖的不规范的小塘并成大塘，池塘以长方形东西向为佳（长宽比约为 2.5∶1），面积 5～10 亩为宜。

**2. 浅塘改深塘**

通过塘坎加高、清除淤泥使池塘由浅变深，成鱼塘水深保持在 2.0～2.5 米，鱼种池水深在 1.5 米左右，鱼苗池水深在 0.8～1.2 米。

**3. 整修进排水系统**

整修进排水沟渠等配套设施，要求每口池塘能独立进排水，并安装防逃设备。

**4. 改装池塘底排污设施**

在池塘低洼处建设安装底排污收集管，在池塘中铺 PVC 管，并在池塘外低洼处建设底质分级处理池。

### (二)池塘管理"五化"

**1. 水质环境洁净化**

(1)池塘水质的一般要求

①悬浮物质。人为造成的悬浮物含量不得超过 10 毫克/升。

②色、嗅、味。不得使鱼、虾、贝、藻类带有异色、异味。

③漂浮物质。水面不得出现明显的油膜和浮沫。

④pH。淡水 pH6.5～8.5。

⑤溶解氧。必须保持 24 小时中 16 小时以上溶解氧大于 5 毫克/升，任何时候不得低于 3 毫克/升，保持水质"肥、活、嫩、爽"。

（2）池塘水质调控

①生物调控。

a. 鱼菜共生调控。以菜净水，以鱼长菜。水上种植的蔬菜能够通过根系吸收养殖水体中过量的氮、磷物质，不用换水即可改良水质，不仅促进了水中蔬菜的生长，也进一步增加了水体对水产养殖动物的承载量。

b. 微生物制剂调控。使用光合细菌、芽孢杆菌、硝化细菌等有益细菌，实现净水。

c. 以鱼养水。适当增加滤食性鱼类和食腐屑性鱼类投放量，改善池塘的生态结构，实现生物修复。保持池水"肥、活、嫩、爽"，透明度在 35 厘米以上。

②物理调控。

a. 合理使用增氧机。一是保障增氧，安装溶解氧监测仪，在溶解氧低于鱼类的生长拐点 4.5 毫克/升时开动增氧机。二是改善环境，通过中午开动增氧机，使池水上下溶解氧分布均匀，打破水分层，清除氧债，氧化还原池底的有害物质。三是应急增氧。投饵前后和投饵时在投饵区开动增氧机；在鱼销售或分级的前一天夜间应长时间开启增氧机，使池中溶解氧达到较高水平，减少鱼销售分级过程中的死亡和受伤；鱼类在网中聚集时，需在网中局部增氧；鱼苗、鱼种在被送入池时，该池应进行增氧，有利于鱼类恢复到活跃状态，减少鱼类因集群局部缺氧而造成的损失。

b. 综合使用增氧机。利用涌浪式增氧机和微孔增氧机改善鱼池底部溶解氧，传统的水车式、叶轮式等增氧机只能解决池塘上层水体溶解氧低的问题，难以为池塘中层和底层提供充足氧气。微孔增氧技术在池塘底部铺设管道，把含氧空气直接输到池塘底部，通过池底纳米管的微孔均匀地往上向水体补充氧气，使池塘水体整体保持较高的溶解氧。该技术可防止底层缺氧引起的有害菌繁殖和有毒气体产生，同时有利于上、中、底层水体交换。

c. 加注新水。根据池塘水体蒸发量适当补充新水，有条件的地方可每半月加注新水 1 次。

d. 适时适量使用环境保护剂。在养殖的中后期，根据池塘底质、水质情况使用生石灰 300～450 千克/公顷、沸石粉 450～750 千克/公顷，每月 1～2 次。

**2. 养殖品种良种化**

（1）主养品种　选择优质鱼类（如鲫、草鱼、松浦镜鲤、斑点叉尾鲴、团头鲂、泥鳅、翘嘴红鲌、黄颡鱼等）为主养品种。

（2）养殖模式　池塘 80∶20 养殖模式

①鱼种质量。要求品种纯正、来源一致、规格整齐、体质健壮、无伤病。

②鱼种规格。可以放养 2～3 种不同规格的主养鱼类，便于轮捕轮放，搭养鱼类的个体大小一般不得大于主养鱼类。

**3. 饲料投喂精细化**

（1）饲料的选择　为不同养殖品种仔细选择特定营养组成的优质饲料，要求饲料有良好的稳定性和适口性。

（2）饲料投喂量的确定　适量投喂，根据养殖鱼类的生长速度、阶段营养需要量和配合饲料的质量水平确定每天的投喂量。

$$日投饲量＝鱼的平均重量×尾数×投饲率$$
$$全年投饲量＝饲料系数×预计净产量$$

（3）选择合适的投饵机　自动投饵机具有抛撒面积大、抛洒均匀的特点。投饵机按适用范围不同分为小水体专用型、网箱专用型和普通池塘专用型。应根据池塘情况选择合适的投饵机。

**4. 病害防治科学化**

（1）疾病的预防　优化池塘养殖环境，在养殖的中、后期根据养殖池塘底质和水质情况，每月使用水质改良剂 1～2 次；合理搭配养殖品种，并保持合理的养殖密度，可有效预防传染性暴发性疾病的流行。

（2）切断传播途径消灭病原体　严格检疫，加强流通环节的检疫及监督，防止水生动物疫病的流行与传播。

①鱼种消毒。入塘前用于鱼种消毒的药物主要有食盐（浓度 2%～4%，浸洗 5～10 分钟，主要防治白头白嘴病、烂鳃病，杀灭某些原生动物、三代虫、指环虫等）和漂白粉（浓度 10～20 克/米$^3$，浸洗 10 分

钟左右，能防治各类细菌性疾病）。

②饵料消毒。水草用 6 克/米³ 漂白粉溶液浸泡 20～30 分钟，经清水冲净后投喂；陆生植物和鲜活动物性饵料用清水洗净后投喂。

③工具消毒。网具用 10 克/米³ 硫酸铜溶液浸洗 20 分钟，晒干后再使用；木制工具用 5% 漂白粉液消毒后，在清水中洗净再使用。

④食场消毒。及时捞出食场内残饵，每隔 1～2 周用漂白粉 1 克/米³ 或强氯精 0.5 克/米³，在食场水面泼洒消毒，或在食场周围挂篓或挂袋消毒。

（3）流行病季节的药物预防（3—9 月）

①体外预防。食场挂袋或挂篓。

②全池遍洒。每隔半月用生石灰 30 克/米³ 消毒。

③体内预防。将中草药（每 100 千克鱼用大黄 30 克、黄芩 24 克、黄柏 16 克、小苏打 30 克）粉碎后拌饲投喂。

（4）增强鱼体抗病能力　放养优良品种，选择抗病力强、体质健壮、规格整齐、来源一致的养殖品种，严禁放养近亲繁殖和回交的鱼种。

①投喂优质适口饲料。投喂营养全面、新鲜、不含有毒成分，并通过精细加工，在水中稳定性好、适口性强的饲料。

②免疫接种。有条件的可以选择注射疫苗。

（5）严禁乱用药物　使用水产养殖用药应当符合《兽药管理条例》。

**5. 生产管理信息化**

用现代化信息管理技术，对生产的各个环节进行实时监控和控制，可以有效降低风险并减少劳动力投入。此外，通过信息化手段分析市场需求，选择合适的养殖品种，有利于获得较好的收益。具体要求如下。

（1）针对规模化池塘，建设水产养殖水质在线监测及物联网控制系统，其中包括池塘水质在线监测系统，能够通过手机实时监测池塘水质状况，并能及时通过手机端进行操作。

（2）水产品质量安全溯源系统，通过从苗种阶段将养殖鱼苗的信息录入数据库，并实时跟踪检测，保证水产品质量的安全。

（3）开设多种质量安全追溯查询方式，包括大显示屏公示、网站

查询、触摸屏查询和手机查询等。

（4）渔业生产技术服务平台系统，通过电话、手机及远程控制系统为渔民提供帮助，实现高效准确技术指导。

（5）通过渔业信息系统平台分析当年鱼价走势，预测明年市场，结合本地实际，合理规划养殖品种，以确保养出来的鱼都有好市场。

### 四、适宜区域

适宜全国所有精养池塘。养殖成本高、水源少、换水困难的池塘更适宜采用此技术。

### 五、注意事项

（1）高密度养殖鱼、虾的池塘，应配合使用水车式增氧机，增加水体流动，使水体的溶解氧均匀。

（2）使用微孔增氧机的池塘应适当增加苗种的放养量和饲料的投喂量，充分发挥池塘的生产潜力。

（3）"一改五化"精养池塘应配合使用多种生态化调控设备和技术，如涌浪机、微孔增氧机、太阳能底质改良机等。

（4）"一改五化"池塘养殖面积大，产量高，有条件的业主应安装物联网控制系统，便于实时监控养殖池塘条件，并实现远程控制、减少劳动力。

## 第二节　池塘 80：20 养殖技术

在 20 世纪 90 年代初，重庆市就开始推广池塘 80：20 养殖技术。池塘 80：20 养殖技术指池塘收获的商品鱼中经济价值较高的主养鱼类约占 80％，配养鱼类约占 20％的模式。

### 一、80：20 养殖技术的优点

（1）能有效地控制养殖鱼池的水质。

（2）可采用高质量的人工配合颗粒饲料，提高饲料的利用率和转化率，减少对水质的污染。

（3）按一定比例混养服务性鱼类，既可以改善池塘水质，又可利用池塘天然生物饵料资源，增加经济效益。重庆本地池塘鱼种放养模式参考表 7-1。

表 7-1　重庆池塘鱼种放养参考模式

| 模式 | 单产（千克/亩） | 种类 | 放数量（尾/亩） | 放养规格 | 成活率（%） | 收获规格（克/尾） | 产量（千克/亩） |
|---|---|---|---|---|---|---|---|
| 主养罗非鱼 | 1 000 | 罗非鱼 | 3 500 | 2～4 厘米 | 82 | 300 | 861 |
| | | 鲢、鳙及其他鱼 | 150～200 | 50～100 克/尾 | 90 | 1 200 | 194.4 |
| 主养鲫 | 1 000 | 鲫 | 3 000～3 500 | 500～750 克/尾 | 95 | 250 | 780 |
| | | 鲢、鳙及其他鱼 | 125～175 | 100～150 克/尾 | 95 | 1 250 | 180 |
| 主养草鱼 | 1 000 | 草鱼 | 700～800 | 75～100 克/尾 | 90 | 1 250 | 845 |
| | | 鲢、鳙及其他鱼 | 200～250 | 50～100 克/尾 | 95 | 1 000 | 215 |
| 主养团头鲂 | 750 | 团头鲂 | 1 000～1 200 | 75～100 克/尾 | 90 | 650 | 645 |
| | | 鲢、鳙及其他鱼 | 175～225 | 50～100 克/尾 | 90 | 800 | 150 |

## 二、养殖技术要点

### （一）清塘消毒

鱼种放养前 10～15 天进行药物清塘，以杀灭池塘中的病原体和敌害生物。常用方法为生石灰干法清塘，用量为每亩 75 千克，使生石灰与底泥充分混合，曝晒 1 周后，注水至 80 厘米左右，以后随鱼体的生长逐渐加高水位。

### （二）鱼种消毒

鱼种放养前必须进行鱼体消毒，以防鱼种带病下塘。常用方法：用 3‰～5‰的食盐药浴 5～20 分钟或用 15～20 克/米³ 的高锰酸钾药水浸泡 5～10 分钟，消毒操作时的动作要轻、快，防止鱼体受到损伤，一次药浴的鱼种数量不宜过多。

### （三）科学投喂

投饵量的计算以鱼吃八分饱为宜，投喂应坚持定时、定质、定量、定位的原则，充分发挥饲料的生产效能，以降低饲料系数。

### （四）调节水质

经常加注新水，使用生石灰、氯制剂、碘制剂等调节水质，视水质变化酌情使用，保持水质"肥、活、嫩、爽"。所谓"肥"是指水中浮游生物含量多，有机质和营养盐丰富，透明度一般为 20～30 厘米；"活"是说水色有月变化和日变化，表明浮游植物优势种群交替出现；"嫩"是指水体中鱼类可消化的浮游植物占多数，而且都在生命旺盛期；"爽"是指鱼在池塘中游动自由自在，十分爽快，说明水体无污染、溶解氧丰富。

（五）综合防治鱼病

本着无病先防、有病早治、防重于治的基本原则，做到对鱼种、工具、食场、饲料适时消毒，尽量避免鱼病的发生。发现鱼病则及早治疗，正确诊断，在执业兽医师的指导下对症下药，严禁随意加大剂量。禁止使用国家规定的禁用渔药，推荐使用中草药；或者采用生态防治鱼病的方法，做到健康养殖与生态防病相结合。

## 三、综合效益情况

案例 1：重庆市涪陵区李渡街道飞越水产专业合作社，应用池塘 80∶20 养殖技术，主养名特水产品种，包括长吻鮠、岩原鲤、胭脂鱼、黄颡鱼、匙吻鲟、加州鲈、丁桂鱼、花骨、翘嘴红鲌、先科巨鲫、生态团鱼、南方大口鲶、中华倒刺鲃等。每公顷产鱼 15～30 吨、每公顷产值达 45 万～60 万元、每公顷利润 12 万～30 万元。最高的有一口0.12 公顷微流水池塘主养加州鲈，每年每公顷产鱼 45～60 吨，两年获纯利润 21 万元。

案例 2：重庆市铜梁区少云生鱼养殖有限公司周运明利用 23.27 公顷池塘，应用池塘 80∶20 养殖技术主养乌鳢，年产商品乌鳢 350 多吨，产量最高的一口池塘每公顷产乌鳢达 67.5 吨。

案例 3：重庆市綦江区綦鱼水产养殖合作社生产基地，养殖水面17.3 公顷，主要养殖品种有岩原鲤、胭脂鱼、黄颡鱼等。每一口塘都主养一种鱼，收获时占总产量的 70％～85％；再混养 2～3 个服务品种，收获时占总产量的 15％～30％。2016 年总产商品鱼 249.08 吨，平均每公顷产 14 400 千克。

第八章

# 鱼菜共生融合技术模式

## 第一节　池塘内循环微流水融合技术

池塘内循环微流水生态养殖技术是将原有池塘养殖的吃食性水产动物集中在流水槽里进行养殖（养殖水产动物的养殖量等于原有池塘的养殖量），增氧机翻动后的水体进入流水槽后，固体废弃物自动收集装置将残余的饲料、鱼类粪便等收集起来并移出池塘系统，流出的水体仅仅含有部分溶解于水体中的饲料物质和粪便物质，流出的水体经过水生植物等吸收利用后再回到养殖池塘循环使用。

池塘内循环微流水生态养殖是一种池塘工业化生态养殖系统，通过对养殖池塘改造，增设集约化养殖设施，将主养吃食性品种集中在占池塘总面积5%以下的新型设施中进行"圈养"，降低捕捞等养殖生产管理的劳动强度。通过养殖槽前端的推水增氧设备产生循环水流，模拟流水生境，改善水体环境条件，提高养殖生物的生长速度和品质，达到低碳、高效、生态、循环的目的。设施中设置固体废弃物自动收集装置，回收利用一部分养殖产生的残饵、粪便等固体废弃物。设施外的池塘水面通过浮床植物、水生植物、底栖生物、固定化微生物膜等实现养殖水体的原位修复，在净水的同时产生多重经济效益，并为养殖设施提供循环水源，达到高效、生态、低碳、循环的效果。

### 一、系统基本原理

池塘工业化生态养殖系统是指利用占池塘面积2%～5%的水面建设具有气提推水增氧和集排污装备的系列水槽作为养殖区进行"工厂化"高密度养殖，并对其余95%～98%的水面进行适当改造后作为净

化区对残留在池塘的养殖尾水进行生物净化处理，实现养殖周期内养殖尾水的零排放或达标排放（图 8-1）。

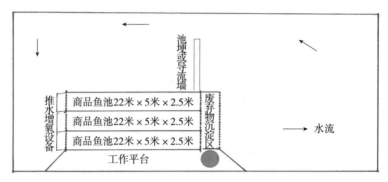

图 8-1　池塘内循环微流水生态养殖系统构造示意图

## 二、系统建设要求

### （一）池塘条件

**1. 池塘大小与水槽占比**

建设工业化生态养殖系统的池塘，原则上面积应在 10 亩以上（以 30 亩以上为宜）；长方形，长宽比 1：（2～3）；东西朝向，水深在 1.8 米以上。可以在传统的养鱼池塘，也可以选择常规的养蟹池塘。同时，为了合理利用池塘面积，并充分发挥养殖水槽的集约化、规模化效应，建议在同一池塘单元建设 3 个以上水槽。水槽面积占池塘面积的比例控制在 2%～5%（如果专门用于鱼种培育，水槽面积占比可以适当加大，但不宜超过 10%）。

**2. 池塘改造**

选用传统养鱼池塘建设池塘内循环微流水生态养殖系统的，原则上应对池塘进行相应的改造。一是加大池塘堤埂坡比，达到 1：（2.5～3），二是在池塘中设置导流堤。改造的主要目的，一是有利于池塘水体的循环，二是形成一定面积的浅水区，便于种植水生植物，并为套养的虾蟹类等提供良好的生态环境。此外，对于面积较大的池塘（100 亩以上），改造工程还可以起到明显的消纳作用。

### （二）水槽建设

针对不同的池塘条件可以采取相应的材料和结构建设养殖水槽。

**1. 在传统养鱼塘建设水槽**

应根据池塘底质状况采用砖混结构或钢架结构来建设养殖水槽。

（1）池塘淤泥较多、底质较松软的池塘 此类池塘在老养殖区较为常见。由于底质松软、淤泥多，采用砖混结构建设水槽的难度较大，费用也较高，因此建议采用钢架结构方式建设水槽。

（2）池塘淤泥较少、底质较硬的池塘 此类池塘大多为新开挖的池塘或底质条件较好的池塘。在此类池塘建设养殖水槽，既可以采用砖混结构，也可以采用钢架结构，但钢架结构施工相对方便，加之建设成本相对便宜，且拆除方便、部分材料还有较大回收价值，故推荐采用钢架结构。

**2. 在常规养蟹池塘建设水槽**

在养蟹池塘建设水槽时，建议以两个相邻的池塘为一组，在池塘的两端各建设 3 条以上水槽。种植水草时应呈长条形布局，并在池塘的两端留出与水槽同宽的通道，在中央留出 6～8 米宽的通道，确保净化区水体整体循环流动效果。同时，为了保证水槽内水位在 1.6 米以上，应在建设水槽的区域向下开挖 0.6～0.8 米。

**（三）水槽构建**

**1. 水槽结构**

长方形，通常规格为长 25～27 米，宽 4～6 米，深 2.0～2.5 米，具体构造见图 8-2。

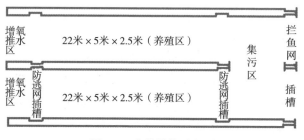

图 8-2 水槽结构示意图

**2. 水槽材料**

水槽材料目前主要有砖混结构和钢架拼装式结构。砖混结构原则上均需要浇铸底板后才能施工，只有在池塘底质较硬的地区方可不浇铸底板。钢架拼装式结构则具有施工周期短、箱体材料选择范围大、

拆除方便并可以进行材料回收等优点。

### (四) 集排污系统

集污系统是系统的"排泄器官"。集污系统和污水处理系统能否高效地将养殖的残饵、粪便移出养殖区，是养殖能否成功的关键。在流水养鱼池的末端延伸 3 米做废弃物收集池，收集池的下游建有 80 厘米高的矮墙，供收集鱼类废弃物之用。收集的废弃物通过水泵吸出，可作为生物肥料。目前，集污方式主要有平底型和漏斗型两种，由于漏斗型建造相对麻烦，大多以平底型为主。平底型吸污以采用自动型轨道式较为理想。

### (五) 导流墙

导流墙是为了保证水体循环。导流墙可以根据原有池塘实际情况，因地制宜，可以利用原有的池埂或清淤所产生的弃土堆筑，也可以用鱼菜共生浮床加 0.5 厘米网目的网片制成。导流墙的主要作用是引导水流经过池塘生态净水区，使整个池塘水体循环流动而不形成死角。

### (六) 污水处理

应根据水槽数量建设合理大小的集污池，原则上每 3 条水槽应建设两个相通的体积 10 米$^3$ 的下沉式集污池，并配套长 100 米左右的渠道，渠道深、宽各 0.6～0.8 米，与集污池相通，并保持渠道内水位在 0.3～0.5 米，渠道内通过种植水生植物等对污水进行净化。对于面积相对大的养殖单位，污水处理也可以通过构建潜流式湿地的方法进行处理，潜流湿地的面积与养殖系统的面积比为 1：（10～20）。

### (七) 系统动力配备

池塘内循环微流水养殖系统的主要动力配备是气提推水增氧、底部充气增氧和吸排污设备。其中，气提推水增氧动力原则上按每条 100 米$^2$ 水槽 1.6 千瓦配备，每条水槽各配套 1 台罗茨鼓风机，各台鼓风机以并联方式连接，根据生产需要确定开机的数量；另外，单独配备 1 台底层增氧鼓风机，动力以 2.2 千瓦为宜，也可以与气提推水增氧设备并联，用调节气阀控制气量。集排污系统的动力需单独配套，根据吸污泵的功率大小配备，一般在 1.5～3.0 千瓦。在同一单元中，如果水槽数量在 10 条以上，可采用集中式供气方案，即将几台不同功率的罗茨鼓风机以并联方式集中在机房中，根据生产需要开启不同数量的鼓风机。此外，应配备一套应急发电设备。

## 三、净化区生态系统构建与品种搭配

### (一)净化区生态环境构建与调控

养殖单位应该注重生态环境的构建与调控。应对净化区进行一定的改造(如在传统养鱼池塘建设内循环微流水养殖系统时,可利用原有的池埂土方等),建成适宜面积的浅水区、深水区,并设置导流墙和推水增氧设备,确保达到整个净化区水体能够进行循环流动的效果;此外,通过布置生态浮床,种植水生植物,放养滤食性鱼类、贝类,营造良好生境。具体方案为:在浅水区种植适宜于虾蟹栖居的水草等水生植物,也可用浮框等种植食用、观赏性等水生植物,品种以根系发达并可以多次收割的种类为主。水草等水生植物的种植面积控制在净化区面积的 20%～30%。

### (二)净化区生态养殖品种搭配

**1. 传统养鱼池塘**

以滤食性鱼类为主,一般鲢、鳙比 3∶1,每亩水面放养规格为 150～300 克/尾的鱼种 100 尾左右,并可适当放养部分螺蛳、河蚌等软体动物。此外,根据池塘条件还可以放养一定数量的虾、蟹、鳖等特种经济品种,以提高净化区的综合经济效益。养殖全过程原则上不投饵。

**2. 虾蟹养殖池塘**

一般每亩放养规格为 120～160 只/千克的蟹种 600～800 只、青虾苗 2 万尾(或抱卵虾 1.5 千克),适量投饵。

## 四、水槽养殖运行管理

### (一)品种筛选

在进行品种筛选时,主要考虑以下几点。

(1)苗种来源是否方便,是否适宜长途运输。

(2)是否具有驯化培育大规格苗种的配套条件和技术经验。

(3)苗种的规格与价格。

(4)苗种是否能够摄食浮性颗粒饲料。

(5)苗种养成商品规格后的市场销售价格。

### (二)苗种运输及放养

**1. 苗种运输**

不同品种的苗种其运输时间及运输规格有较大的差异。从目前各

地运输与放养苗种的情况统计，大部分品种的运输水温不宜超过22℃，部分品种（如梭鱼、鲈、鳜、团头鲂、七星鲈等）的运输规格应控制在不大于100尾/千克，即这些品种的苗种在驯化吃食成功后就应该运输，规格越小运输成活率越高。对于具备驯化培育大规格苗种条件和技术经验的单位，鼓励引进鱼苗自行培育，既能减少苗种费用支出，又能大幅度提高苗种成活率。

**2. 苗种放养**

①放养前准备。在苗种放养前1周，一是应仔细检查养殖系统推水增氧设备是否完好并开机试运行，保准水槽内水体质量与整个系统一致；二是应对水槽水质与净化区水质进行常规指标的检测，发现问题及时解决；三是在推水端拦网前安装防撞网。

②苗种放养。苗种运输至塘口后，应及时进行放养。为减少苗种因操作等造成的损伤，提倡设计制作简单的滑道等设施直接将苗种从运输车辆送入养殖水槽或苗种培育池塘。苗种在放养进入池塘或水槽前，用浓度3%～5%的盐水进行消毒，时间10分钟左右。苗种在进入水槽后，仔细观察增氧推水设备的运行情况，并根据入池鱼类品种与规格严格控制气流量，防止苗种应激撞击拦网而造成损伤。

**（三）饲料投喂**

进入水槽的苗种必须投喂浮性膨化颗粒饲料，饲料应从正规饲料公司购买。苗种进入水槽后，应及时进行饲料投喂。部分品种经过长途运输后，由于应激反应会暂时不进食，但仍应进行投喂驯化，尽量使苗种及时恢复进食增强体质，减少苗种伤亡。不同规格、不同品种的苗种投喂量与投喂次数也不尽相同。应根据苗种规格大小与水温确定投喂次数与投喂量，并根据摄食情况与水温、天气变化及时调整投喂量。

**（四）水流调控管理**

原则上将水槽下游水流速度控制在3～8厘米/秒（有条件的单位可购置流速仪测定）。具体根据不同品种、规格、水温、水质与天气状况调整水流速度。一般情况下，水流速度与苗种规格、水温、投饲量呈正相关，与水体溶解氧呈负相关。

**（五）吸排污管理**

根据不同品种和水温调控吸排污时间和次数。原则上在投喂饲料后1~2小时内开启吸排污设备，每次吸排污的时长视污水的程度而定，至吸出的污水颜色与池水相近即可。

（六）病害防控

在病害高发季节适时进行预防。一旦发现病兆，应关停推水增氧设备，开启底增氧，封闭水槽两端拦鱼栅，对症下药。

（七）应急管理

当系统运行中，一旦发生停电情况，应及时切换启动应急发电设备。

（八）监控管理

具备条件的养殖单位，配备溶解氧在线实时监测设备、水质常规监测设备和视频监控设备。

（九）档案管理

建立日常生产记录档案，特别是记录苗种放养规格、时间与数量、饲料投喂数量、推水增氧设备开启情况与用电量、病害预防与治疗情况、净化区生态环境调控情况、净化区生态养殖品种搭配情况等。

## 第二节　鱼菜共生与新型机械设备融合技术

新型渔业机械设备推动我国水产养殖业的快速发展，池塘微孔增氧机、涌浪机、太阳能底质改良机等新型渔业机械设备不仅大大提高了增氧效率，节约了能耗，还有良好的改善水质效果。在自然光照好的条件下开动微孔增氧机、涌浪机等新型渔业机械设备，能把底层丰富的营养物质带到水面，使生态浮床种植的植物快速利用，既能改良池塘水体水质，又能充分改良底质，降低池塘氧债，还能促进植物快速生长，可谓是一举多得。本节以微孔增氧为例，介绍鱼菜共生与新型机械设备融合技术。

### 一、微孔增氧技术概述

（一）概念

微孔增氧技术采用在池塘底部铺设管道的方法，把含氧空气直接输到池塘底部，从池底往上向水体补充氧气，使底部水体保持高的溶解氧，防止底层缺氧引起有害菌繁殖和有毒气体产生。底部溶解氧充足，可有效抑制有害微生物的滋生，加快有机废物的降解，降低有毒

物质含量，活化池塘底质，保持水质理化因子的稳定，从而有效控制病害的发生，减少用药，降低用药成本，提高养殖品种的成活率、生长速度以及养殖经济效益。

（二）微孔增氧机材料与安装

微孔增氧系统由主机、主管道和充气管道等部分组成。

**1. 主机**

选择罗茨鼓风机，因为它具有寿命长、送风压力高、送风稳定和运行可靠性强的特点。罗茨鼓风机国产规格有 7.5 千瓦、5.5 千瓦、3.0 千瓦、2.2 千瓦 4 种。

**2. 主管道**

有两种选择，一是镀锌管，二是 PVC 管。由于罗茨鼓风机输出的是高压气流，所以温度很高，多数养殖户选择镀锌管与 PVC 管交替使用，这样既保证了安全又降低了成本。

**3. 充气管道**

主要有三种，分别是 PVC 管、铝塑管和微孔管，其中以 PVC 管和微孔管为主。从实际应用情况看，PVC 管和微孔管各有优缺点，主要体现在以下几点。

（1）微孔管增氧和曝气效果好　PVC 管经打孔后水中增氧和曝气均匀度较差。

（2）PVC 管材料容易获取　PVC 管在各种管道材料店都有经销，质量从饮用水级到电工用级都可以。

（3）PVC 管成本低　与微孔管配置要求相比，每亩成本减少300～400 元。

**4. 安装**

安装示意图见图 8-3、图 8-4。

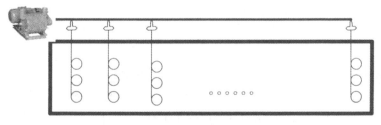

图 8-3　安装示意图

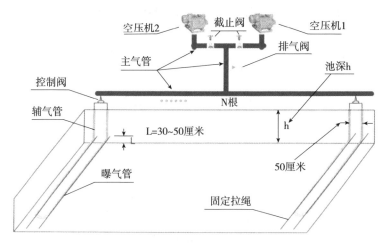

图8-4　回路式曝气管安装示意图

图8-4所示的回路式安装图说明：①建议安装两台空压机，一备一用；②截止阀用于连通或截断通道；③排气阀用于调整气压和开机时排气；④主气管可根据需要选用PVC给水管或钢质材料管；⑤控制阀用于调节单管的出气量；⑥轴管可选用橡胶管或增强塑料管；⑦回路安装时需在池底安装固定拉绳。

**5. 安装使用过程中应注意避免的问题**

（1）主机发热　此问题主要存在于PVC管增氧的系统上。由于水压及PVC管内注满了水，两者压力叠加，主机负荷加重，引起主机及输出头部发热，后果是主机烧坏或者主机引出的塑料管发热软化。解决办法：一是提高功率配置；二是主机引出部分采用镀锌管连接，长5～6米，以减少热量的传导；三是在增氧管末端加装一个出水开关，在每次开机前先打开开关，等到增氧管中的水全部流尽后再将开关关上。

（2）功率配置不科学，浪费严重　许多养殖户没有将微孔管与PVC管的功率配置进行区分，笼统地将配置设定在0.25千瓦/亩，结果不得不中途将气体放掉一部分，浪费严重。一般微孔管的功率配置为0.25～0.3千瓦/亩，PVC管的功率配置为0.15～0.2千瓦/亩。

（3）铺设不规范　生产中常见充气管排列随意，间隔大小不一，有8米及以上的，也有4米左右的；增氧管底部固定随意，生产中容易出现管子脱离固定桩、浮在水面的情况，降低了使用效率；主管道安

装在池塘中间，一旦管子出现问题，更换困难；主管道裸露在阳光下，老化严重等。通过对检测的数据分析，管线处溶解氧与两管的中间部位溶解氧没有显著差异，故不论微孔管还是 PVC 管，合理的间隔为 5～6 米。

（4）PVC 管的出气孔孔径太大，影响增氧效果　一般气孔控制在 0.6 毫米大小为宜。

**6. 安装成本**

关于微孔增氧系统的安装成本，大概可分为四个档次，一是高配置，即新罗茨鼓风机与纳米管搭配，安装成本 1 300～1 500 元/亩；二是旧罗茨鼓风机与国产纳米管（包括塑料管）搭配，安装成本 800～1 000 元/亩；三是旧罗茨鼓风机与饮用水级 PVC 搭配，安装成本 500～600 元/亩；四是旧罗茨鼓风机与电工用 PVC 管搭配，安装成本 300～500 元/亩。

**（三）饲养管理技术要点**

**1. 水质、水位调节**

由于放养密度较大，如何营造一个良好的水域生态环境，确保河蟹、青虾、鱼类等正常生长至关重要。因此必须调节好水质、水位。在水质调节方面，保持"肥、活、嫩、爽"，维持藻相平衡，促进物质良性转化，增强鱼、虾、蟹的免疫力。在水位调节方面，以注水为主，尽量减少换水频率。4 月前水位控制在 50 厘米左右，以提高池水温度，促进养殖品种生长；5—6 月保持水位 70～80 厘米；夏秋高温季节应保持在 1.5 米以上，以降低池水温度，高温期结束后，保持适中水位。

**2. 水草管理**

养殖河蟹的池塘，前期应尽量控制水位，抑制伊乐藻生长。如果伊乐藻生长过旺，5 月采取收割措施割去伊乐藻上部 20～30 厘米，以促进伊乐藻新的根系、茎叶生长。

**3. 饲料投喂**

由于池塘载鱼量较大，科学投喂是关键。饲料质量是影响鱼、虾、蟹规格与品质的关键因素之一，因此，应选择粗蛋白含量较高的颗粒饲料投喂。虾蟹饲料，前期粗蛋白含量为 36% 以上，中期 30%～33%，后期 33%～35%。投喂量按虾、蟹的体重计算，前期为体重的 6%～8%，中期 5%～6%，后期 3%～5%；养殖鱼类的池塘，粗蛋白含量前期为 32％以上，中期 30％～32％，后期 28％～30％。投喂应视天气、河蟹活动情况灵活掌握。养殖河蟹的池塘，有条件的单位和养殖户，可适当多投喂小杂鱼，前期投新鲜小杂鱼，中期投冰冻鱼，后期投冰冻鱼搭配玉米、小麦。

**4. 增氧**

由于池塘生物载重量较大，应及时开启微孔增氧机。闷热天气傍晚开机至翌日 08：00；正常天气半夜开机至翌日 07：00；连续阴雨天气全天开机，以保证池水溶解氧充足。

**5. 病害防治**

每半月施用一次水体消毒剂（以碘制剂、溴制剂为主），高温期禁用消毒剂，每月投喂一次药饵（中草药、免疫多糖、复合维生素为主），以提高养殖对象抗病力。

## 二、池塘浮床安装和植物种植

在微孔增氧池塘中，可以开展鱼菜、鱼花、鱼稻、鱼果等多种鱼菜共生综合种养技术。以鱼稻综合种养模式为例简要介绍。

**（一）浮床及种植钵**

参考第二章第五节。

**（二）浮床设置**

参考第二章第五节。

**（三）水稻品种**

推荐选用国家或省级良种审定部门审定且适合当地种植的水稻品种。重庆地区池塘水面种植的水稻品种首选是宜香优 2115、粮两优 1790，其次是川优 6203、万优 66 及丰优香占等。

在水稻品种选择时，若米质、产量相近时，最好选择株高较矮的，因其稻谷成熟时抗倒伏性更好，可减少稻谷损失。

**（四）秧苗移栽**

水稻播种育秧、秧苗移栽等随农时按常规农艺要求进行，没有其他特殊要求。一般苗龄期 30～40 天可移栽秧苗。在装满固定质的种植钵内每个钵栽 3 株秧苗，将秧苗插稳即可。

**（五）日常管理**

不施肥、不打药，日常管理十分简单。但为了稻谷产量高，也应

及时人工拔除种植钵中的杂草，以免形成草害。

(六) 及时收割

至 8 月下旬，当谷粒 90% 呈黄色时即表明稻谷成熟可收割。第一批稻谷收割时，留作再生稻的，稻桩应留 30 厘米以上；不留再生稻的，收割时尽量割成熟的稻穗；待稻谷收完后，青色的稻草紧挨稻草桩底分批收割喂草鱼。

### 三、增产增效情况

与传统增氧机相比，使用微孔增氧可平均节省电费约 30%，池塘养殖的鱼、虾、蟹类等发病率平均降低约 15%，鱼产量每亩提高 10%，虾产量每亩提高 15%，蟹产量每亩提高 20%，综合效益提高 20%~60% (图 8-5)。

图 8-5　微孔增氧与鱼菜共生融合

### 四、微孔增氧机使用注意事项

一是微孔增氧机应该和叶轮式、水车、涌浪增压机综合使用。二是微孔增氧机应该在晴天下午使用，夜间不能使用；也不能一直使用微孔增氧机，容易让鱼池水变浑浊。

## 第三节　池塘鱼菜共生与底排污融合技术

### 一、技术概况

#### (一) 概念

池塘底排污技术是指根据池塘面积大小，在养殖池塘底部最低处建造一个或多个漏斗型排污口，通过排污管道使养殖过程中沉积的水产动物代谢物、残饵、水生生物残体等废弃物在池塘水体静压力下，利用连通器原理无动力排出至池边地势相对较低的竖井中；再通过动力将竖井中收集的废弃物提出，经过固液分离、鱼菜共生湿地净化等处理措施后，达到渔业水质标准或三类地表水标准再循环回养殖池塘，固体沉积物用于农作物有机肥料，实现水体与废弃物的循环利用，做到"零污染、零排放"（图8-6）。

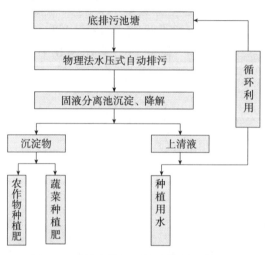

图8-6　池塘底排污系统水体循环利用图

池塘底排污融合技术集成深挖塘、底排污、固液分离、湿地净化、鱼菜共生、节水循环与薄膜防渗、泥水分离等水质改良技术，通过对养殖水体采取物理处理与生物处理相结合的净化措施，可有效防止养殖水体内源性污染，促进养殖水体生态系统良性循环，有效改善养殖池塘水质条件，对提高养殖产量、保障水产品质量安全、实现节能减排与资源有效利用具有重要意义。

（二）组成

池塘底排污系统由底排污系统、固液分离系统和水质净化系统构成。

**1. 底排污系统**

指将池塘底部的鱼粪等有机颗粒废弃物及废水排出的系统，包括底排污口、排污管道、排污出口竖井、排污阀门等。按排污方式分为自溢闸阀式、自溢插管式、虹吸式闸阀式、虹吸式插管式、抽提式。

**2. 固液分离系统**

指专用于固（泥、粪、残饵等）、液分离的系统，主要包括一级平流沉淀池和竖流沉淀池。排出的养殖固体废弃物及废水分别通过多级平流沉淀池和竖流沉淀池实现固液分离。

**3. 水质净化系统**

鱼菜共生湿地，是在同一水体中把水产养殖与蔬菜种植有机结合的一种可持续、生态的池塘养殖模式。以固液分离所得的上清液（含有高浓度的氮、磷、钾、化学需氧量等）作为蔬菜生长养料，蔬菜吸收营养元素满足生长的同时进行水质净化，为湿地中鱼类提供良好的生长环境，使得动物、植物、微生物三者和谐共生。

## 二、技术要点

池塘底排污系统的设施主要由塘底排污口、排污管道、集污竖井、固液分离池、人工湿地池等组成（图8-7）。

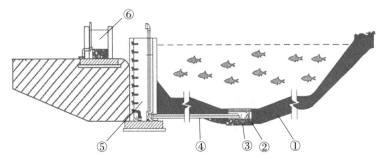

图 8-7　池塘底排污系统剖面结构示意图

①池塘底部 ②拦鱼网 ③排污口 ④排污管 ⑤排污井 ⑥固液分离池

### （一）底排污系统建造要点

**1. 塘底排污口**

排污口应修建于池塘底部最低处，一般为方形，长、宽、高至少分别为80厘米、80厘米、40厘米，排污口周边硬化面积不小于6米$^2$，且呈15°～30°的弧形锅底状。排污口挡板为正方形，有4个支点，在排污口上应安装有拦鱼网，以防止鱼类逃跑，其材质为铁、不锈钢等。此外，排污口的数量根据池塘大小而定，一般5～10亩的池塘，建造3个锅底形排污口；10～30亩的池塘，建造4～5个锅底形排污口或"十"字形排污沟；30亩以上的养殖池塘，建造5～10个平行的排污口。

**2. 排污管道**

排污管道为 PVC 或 PE 材质，分支排污管道直径根据池塘大小而定，通常小于 30 亩的池塘，排污管道直径为 160～200 毫米；大于 30 亩的池塘排污管道为 200～315 毫米；一般总排污管道直径为 200～315 毫米。

排污管道掩埋在塘底平面以下，接口连接后用呈 U 形的钢筋插入底平面 20 厘米以下固定，同时用混凝土或砖砌固定四周，防止管道上浮。

**3. 集污竖井**

集污竖井中安置有插管式阀门，其作用是汇集池底排出的污水。一般集污竖井修建在池塘埂边，底部低于池塘清淤后的底平面至少 20 厘米，高度与池塘坝面持平，混凝土或砖砌四周粉刷，规格为 1.5 米×1.5 米以上（排污口越多，尺寸越大）。排污管出污口数量与排污口数量一致，出污口的管口低于底部 10 厘米，并呈 15°～30°的锅底形。从池塘底部排污口至竖井内的出污口有 1％～2％的坡度，以便于养殖废水顺利排出，具体的落差可根据池塘地形灵活掌握。当池塘底部排污口与竖井内的出污口无高度落差或落差较小时，面积小于 5 亩的池塘，最好多个池塘共用一口竖井；池塘面积大于 5 亩的池塘，最好 2 口池塘共用一口竖井。

集污竖井中用 PVC 管作为排污插管阀，与排污口管紧密结合，长度（高度）要高出集污竖井 50 厘米以上，方便插拔；同时用钢筋作为抱箍，以便固定排污插管，抱箍直径要大于排污插管 4 厘米以上，方便插拔不畅时可以左右摇摆操作（图 8-8）。排污插管上端要留一个防溢孔或者安装一个弯头，防止插入时水倒流。集污竖井底部放置一水泵，将排出的污水提灌至固液分离池。

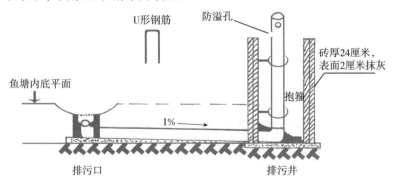

图 8-8 集污竖井与排污口连接的剖面

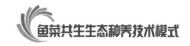

**4. 固液分离池**

固液分离池建设在集污竖井边上，面积为水面面积的0.2%，长、宽、深比为6.5∶3.3∶1（深度可视具体情况进行调整，至少为1.8米深）；上清液出口与池塘或人工湿地相连；沉淀池底部安装1个直径至少110毫米的PVC排泥管连接到集粪池，用直径110毫米的PVC管作为排泥插管阀，控制泥粪排放（图8-9）。

固液分离池都用标砖（240毫米×115毫米×53毫米）做240毫米厚的墙体（个别地区地质条件不好的可加厚）。用1∶3的水泥灰浆做底灰和表面抹灰处理。地基用C25混凝土做10～20厘米厚的地基，地质条件较差的地区则需打桩或编制钢筋网加固地基。

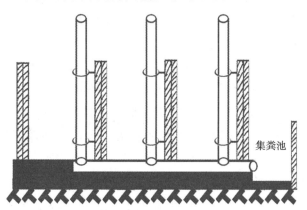

图8-9 固液分离池截面简图

**5. 系统建造与使用注意事项**

（1）底排污系统建造期间应干塘施工，精确计算坡度落差，防止出现施工偏差，影响排污效果。

（2）底排污系统适用于国内大部分的精养池塘，但由于各地区的地理环境、气候条件、渔业资源状况等差别较大，因此系统的建造应因地制宜开展科学设计与合理施工。

（3）系统施工的第一步应是精确测量池底水平状况，找准坡度，在最低处建造排污口、埋设排污管道。

（4）排污口应建在池底最低处，便于污物的收集。

（5）操作说明。每隔3～7天排污1次，直至排出水流清澈为止。

**6. 池塘底排污的配套养殖技术**

池塘底排污的配套养殖技术以"一改五化"为核心，"一改"指对池塘基础设施排污系统改造，"五化"包括水体环境洁净化、养殖品种良种化、饲料投喂精细化、病害防治科学化以及生产管理信息化。

### （二）人工湿地系统建造要点

人工湿地是指用人工筑成水池或沟槽，底面铺设防渗漏隔水层，充填一定深度的基质层，种植水生植物，利用基质、植物、微生物的物理、化学、生物三重协同作用使污水得到净化的系统。当池塘养殖废弃营养盐进入人工湿地时，其污染物被床体吸附、过滤、分解而达到净化水质的作用。

按照水体流动方式，人工湿地分为表面流人工湿地、水平潜流人工湿地、垂直潜流人工湿地以及由前面几种湿地混合搭配的组合式人工湿地或复合式人工湿地。

复合式人工湿地池塘养殖系统较传统池塘养殖模式，可减少养殖用水 60%以上，减少氮、磷和化学需氧量排放 80%以上，具有良好的节能、减排效果，符合我国水产养殖可持续发展要求。

**1. 基本结构**

人工湿地一般由 5 部分组成：①具有透水性的基质（又称填料），如土壤、砂、砾石等；②适合于在不同含水量环境生活的植物，如芦苇、水柳、美人蕉、睡莲、凤眼莲、空心菜等；③水体（在基质表面之上或之下流动的水）；④无脊椎动物或脊椎动物；⑤好氧或厌氧微生物群落。其中，无脊椎动物或脊椎动物以及好氧或厌氧微生物群落是基质和植物搭配好后系统中自然形成的生物群落，基本上不用人为添加。水平潜流人工湿地结构如图 8-10 所示。

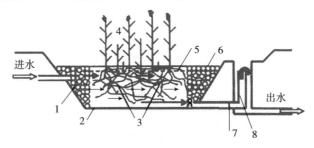

图 8-10　水平潜流人工湿地结构

1. 大石子分布区　2. 防渗层　3. 过滤基质　4. 大型植物　5. 水流　6. 布满大石子的收集区域　7. 排水收集管　8. 维持水位的排放孔（箭头表示水流方向）

**2. 场地选择**

人工湿地系统选址主要有以下几个原则：①符合养殖规划与区域规划的要求。②选址宜在鱼池下游，并在夏季最小风频的上风侧。③符合工程地质、水文地质等方面的要求。④具有良好的土质与基质条件。⑤具备防洪排洪设施。⑥总体布局紧凑合理，湿地系统高程设计应尽量结合自然坡度，能够使水自流；需提升时，宜使用一次动力提升；人工湿地池面积一般为养殖池塘面积的10%。

**3. 基质选择**

人工湿地中的基质又称填料、滤料，一般由土壤、细砂、粗砂、砾石、碎瓦片、粉煤灰、泥炭、页岩、铝矾土、膨润土、沸石等介质中的一种或几种所构成，因此，多种材料包括土壤、砂、矿物、有机物料以及工业副产品，如炉渣、钢渣和粉煤灰等都可作为人工湿地基质。湿地基质的选择应从适用性、实用性、经济性及易得性等几个方面综合考虑。

**4. 湿地植物的配置**

人工湿地系统的建立，植物的选择和配置是很重要的考虑因素。水生植物的种植面积为湿地面积的10%～30%。

（1）人工湿地系统常用植物

①挺水植物。莲藕、荷花、芦苇、香蒲、茭白、水葱、芦竹、水竹、菖蒲、水生美人蕉、梭鱼草、千屈菜、慈姑、再力花、水生鸢尾、泽泻等。

②浮叶植物。睡莲、萍蓬草、水罂粟、荇菜、菱角、芡实，主要是莲科植物。

③沉水植物。苦草、黑藻、金鱼藻、狐尾藻、眼子菜，主要是水草类。

④浮水植物。凤眼莲、大藻等。

（2）常见水生植物特性如表8-1所示。

表8-1　常见水生植物特性

| 种类 | 品名 | 适合水深（米） | 种植难度 | 管理难度 | 种植密度 | 种植参考价格 | 改善效果 | 能否越冬 | 种植月份 | 推荐指数（满分5分） | 管理频率 |
|---|---|---|---|---|---|---|---|---|---|---|---|
| 挺水植物 | 莲藕 | 2以内 | 易 | 难 | 200千克/亩 | 4元/千克 | 一般 | 否，再生 | 3～5 | 2 | 1年清理一次 |
| | 荷花 | 2以内 | 易 | 易 | 1株/米² | 10～15元/株 | 好 | 否，再生 | 3～5 | 5 | 无需清理 |

（续）

| 种类 | 品名 | 适合水深（米） | 种植难度 | 管理难度 | 种植密度 | 种植参考价格 | 改善效果 | 能否越冬 | 种植月份 | 推荐指数（满分5分） | 管理频率 |
|---|---|---|---|---|---|---|---|---|---|---|---|
| 挺水植物 | 芦苇 | 1以内 | 一般 | 一般 | 9丛/米²，5苗/丛 | 1元/苗 | 好 | 否，再生 | 2—10 | 4 | 1年清理一次 |
| | 香蒲 | 1.2以内 | 一般 | 一般 | 9丛/米²，5苗/丛 | 0.7元/苗 | 好 | 否，再生 | 2—10 | 4 | 1年清理一次 |
| | 茭白 | 1以内 | 一般 | 一般 | 9丛/米²，5苗/丛 | 1元/苗 | 好 | 否，再生 | 2—10 | 3 | 1年清理一次 |
| | 水葱 | 0.3以内 | 易 | 一般 | 9丛/米²，10苗/丛 | 0.3元/苗 | 一般 | 否，再生 | 2—10 | 3 | 1年清理一次 |
| | 芦竹 | 0.5以内 | 易 | 易 | 9丛/米²，3苗/丛 | 1元/苗 | 好 | 常绿 | 全年 | 4 | 无需清理 |
| | 水竹（旱伞草） | 0.4以内 | 易 | 易 | 9丛/米²，10苗/丛 | 0.4元/苗 | 很好 | 常绿 | 全年 | 5 | 2年清理一次 |
| | 菖蒲 | 0.3以内 | 易 | 易 | 9丛/米²，5苗/丛 | 0.5元/苗 | 一般 | 否，再生 | 全年 | 3 | 无需清理 |
| | 水生美人蕉 | 1以内 | 易 | 易 | 9丛/米²，3苗/丛 | 1.2元/苗 | 很好 | 否，再生 | 2—10 | 5 | 1年清理一次 |
| | 梭鱼草 | 0.5以内 | 易 | 易 | 9丛/米²，5苗/丛 | 0.8元/苗 | 好 | 否，再生 | 全年 | 4 | 1年清理一次 |
| | 千屈菜 | 0.3以内 | 易 | 易 | 9丛/米²，2苗/丛 | 1元/苗 | 好 | 否，再生 | 全年 | 4 | 1年清理一次 |
| | 再力花 | 1.2以内 | 易 | 易 | 9丛/米²，3苗/丛 | 1.2元/苗 | 好 | 否，再生 | 全年 | 4 | 1年清理一次 |
| | 慈姑 | 0.3以内 | 易 | 易 | 9丛/米²，3苗/丛 | 1元/苗 | 好 | 否，再生 | 3—8 | 3 | 无需清理 |
| | 水生鸢尾 | 0.3以内 | 易 | 易 | 9丛/米²，5苗/丛 | 1元/苗 | 好 | 常绿 | 全年 | 5 | 无需清理 |
| | 泽泻 | 0.3以内 | 一般 | 易 | 9丛/米²，3苗/丛 | 1元/苗 | 一般 | 否，再生 | 3—8 | 3 | 1年清理一次 |
| 浮叶植物 | 睡莲 | 1.5以内 | 易 | 易 | 1株/米² | 5元/株 | 好 | 常绿 | 全年 | 5 | 无需清理 |
| | 萍蓬草 | 1以内 | 易 | 易 | 1株/米² | 5元/株 | 好 | 否，再生 | 全年 | 5 | 无需清理 |
| | 水罂粟 | 0.5以内 | 易 | 易 | 9丛/米²，3苗/丛 | 1元/苗 | 好 | 否，再生 | 全年 | 5 | 无需清理 |

（续）

| 种类 | 品名 | 适合水深（米） | 种植难度 | 管理难度 | 种植密度 | 种植参考价格 | 改善效果 | 能否越冬 | 种植月份 | 推荐指数（满分5分） | 管理频率 |
|---|---|---|---|---|---|---|---|---|---|---|---|
| 浮叶植物 | 荇菜 | 0.5以内 | 一般 | 易 | 9丛/米²，3苗/丛 | 1元/苗 | 一般 | 否，再生 | 3—6 | 3 | 无需清理 |
| | 菱角 | 1.5以内 | 易 | 易 | 1株/米² | 1元/株 | 一般 | 否，再生 | 3—5 | 2 | 无需清理 |
| | 芡实 | 2以内 | 一般 | 易 | 1株/4米² | 2元/株 | 一般 | 否，再生 | 3—5 | 2 | 1年清理一次 |
| 沉水植物 | 苦草 | 1.5以内 | 易 | 易 | 9丛/米²，10苗/丛 | 0.15元/苗 | 很好 | 常绿 | 全年 | 5 | 无需清理 |
| | 黑藻 | 1以内 | 难 | 易 | 9丛/米²，10苗/丛 | 0.15元/苗 | 一般 | 否，再生 | 3—8 | 3 | 无需清理 |
| | 金鱼藻 | 1以内 | 一般 | 易 | 9丛/米²，10苗/丛 | 0.15元/苗 | 一般 | 否，再生 | 3—8 | 4 | 无需清理 |
| | 狐尾藻 | 1以内 | 一般 | 易 | 9丛/米²，10苗/丛 | 0.08元/苗 | 好 | 常绿 | 全年 | 5 | 无需清理 |
| | 眼子菜 | 1以内 | 易 | 易 | 9丛/米²，10苗/丛 | 0.15元/苗 | 好 | 否，再生 | 3—8 | 4 | 无需清理 |
| 浮水植物 | 凤眼莲（水葫芦） | | 易 | 难 | 16朵/米² | 0.1元/朵 | 很好 | 否，再生 | 3—10 | 3 | 繁殖速度快，每年清理一次 |
| | 大薸（水白菜） | | 易 | 难 | 16朵/米² | 0.1元/朵 | 好 | 否，再生 | 3—10 | 4 | 繁殖速度快，每年清理一次 |

## 三、应用情况

池塘底排污技术是近年来研发出的一种应用于精养池塘的处理生态治水技术，具有效果好、成本低、易推广的特点。2016—2019年，重庆市巴南区共完成2 300余亩池塘底排污生态化改造建设工作。通过4年的实践数据统计，一是池塘底排污改造成本为每亩100～200元，可一次性投入而多年长期受益；二是干塘清淤需求由改造前的1～2年一次延长为3～5年一次，清淤成本、水电成本、药物成本、饲料成本等降低10%～15%，实现节本增收。在提高水资源与土地资源利用效率、增加农户收益的同时，实现了养殖废弃营养盐的资源化利用，改善了养殖周边环境。

## 第四节　池塘鱼菜共生水质异位修复技术

### 一、技术概况

池塘鱼菜共生水质异位修复技术是一种人为设计的生态工程化废水处理技术，采取进排水改造、池塘底排污、生物净化、人工曝气、人工湿地、生态沟渠等技术措施，能显著去除养殖尾水中的氮、磷以及化学需氧量，具有成本低、维护次数少、用途广等特点，适用于集中连片池塘养殖区域和工厂化养殖尾水治理，推动养殖尾水资源化循环利用，实现养殖尾水达标排放。以面积为 50 亩的养殖池塘为例，尾水治理面积 4～5 亩，占养殖池塘面积 8%～10%。水流的设计采用串联自由表面流人工湿地结构，尾水治理系统低于养殖池塘，实际操作时用底排污系统将底层的富营养化水排入生态沟渠中，以后通过水力坡设计，坡度一般为 0.1%～0.5%，水体经生态沟渠、沉淀池、过滤坝、曝气池、生物净化池处理，再用水泵将湿地中的水泵入养殖池塘循环利用。有条件的地方还可在尾水治理末端建设多级人工湿地以提高净化能力。

### 二、技术要点

#### （一）池塘底排污生态化改造

在养殖池塘底部最低处不同位置，根据池塘面积大小建设一到多个锅底形的排污井，排污井通过管道直接连通尾水处理池或资源化利用区域，一般每 0.2～0.3 公顷配置 1 个排污口。将养殖过程中沉积在池塘底部的鱼类排泄物、残饵及尸体等通过排污管排出，排出的有机颗粒废弃物经固液分离池分离，固体沉积物作为农作物的有机肥，上清液流入尾水处理系统进行处理。

#### （二）生态沟渠

每 50 亩配备生态沟渠 100 米以上，水深 1.3～1.5 米，宽度 2～2.5 米，利用养殖区域内原有的排水渠道改造而成，通过加宽和挖深等方式提高排水渠道的排放水功能，渠道内种植水生植物，水面可架设生物浮床，通过水生植物的吸收作用对养殖尾水进行初步处理，最终通过生态渠道将养殖尾水汇集至沉淀池。

### （三）沉淀池

沉淀池面积为尾水治理设施总面积40%左右。通过安装生物毛刷，间隔5厘米一根，底端有坠石，布设方向与水流方向垂直；种植沉水、挺水、浮叶等各类水生植物，同时投放芽孢杆菌等微生物制剂，以吸收利用水体中氮、磷等营养物质。

### （四）过滤坝

过滤坝宽度不小于1米，长度不小于5米，采用空心砖主体结构，内铺设不同粒径的鹅卵石或碎石，以起到对有机物过滤、分解的作用。

### （五）曝气池

曝气池面积为总面积5%左右，可分割为多级，池内安装微孔增氧装置，配备1.5～3千瓦罗茨鼓风机，安装曝气头，使空气中的氧气充分溶解于水中，将水中不需要的气体和挥发性物质释放到空气中，加速氨氮、亚硝酸盐的氧化还原。

### （六）生物净化池

生物净化池面积为尾水治理设施总面积50%左右，种植沉水、挺水、浮叶等各类水生植物，以吸收利用水体中的氮、磷营养盐；放养少量的鲢、鳙和河蚌、螺蛳、青虾等水生动物，一般每亩放养20～30尾鳙、125尾鲢，以滤食水体中的浮游动植物。

### （七）水生植物种类的选择

沉水植物选择狐尾藻、眼子菜、金鱼藻和伊乐藻等。挺水植物选择香蒲、水稻、水芹菜、藕和美人蕉等。浮叶植物可选择菖蒲、睡莲、凤眼莲和空心菜等。

该技术广泛适用于相对集中连片的普通精养池塘。通过推广该技术，能显著改善养殖水域环境，减少养殖过程中的病害发生，提高水产品品质，实现水产养殖节能减排，推进养殖尾水的资源化利用或达标排放，对破解渔业发展瓶颈、解决渔业提质增效与水环境保护之间的矛盾、开启渔业绿色高质量发展具有重要作用。

# 第五节　鱼菜共生集装箱式循环水养殖融合技术

## 一、技术简介

集装箱养殖技术，又称为受控式集装箱循环水绿色生态养殖技术，其特征是"分区养殖、异位处理"，即通过改造废旧集装箱，把水产品养殖、水体处理循环利用和集污处理利用结合于一体的集约型工厂化养殖模式。一套集装箱养殖系统就是一个小型的标准化养殖车间，通过"六控"技术（控温、控水、控苗、控料、控菌、控藻）实现养殖过程的可控管理。

集装箱式循环水养殖技术是一种新型的设施养殖技术，具有节水节地、质量安全、生态环保、智能标准等特点；鱼菜共生养殖技术作为一种新型的农业生态养殖技术，种植的水生植物可有效降低养殖水体中残饵和鱼类代谢产生的氮、磷等营养物质，在净化水体的同时提升经济和生态效益。鱼菜共生养殖系统融合集装箱循环水养殖技术，即以传统养殖池为基础，把池塘改造为生态水处理池塘，鱼类集中在集装箱内养殖，利用集装箱内的集中曝气、斜面集污、旋流分离等方式提高水体溶解氧、保持养殖水质。

在该养殖模式下，鱼菜共生养殖系统可以对养殖尾水进行资源化利用，达到循环利用。二者融合有利于促进渔业生态绿色健康发展，促进传统水产养殖生产变革，推动水产养殖工业化发展步伐，助推产业转型升级。

## 二、技术原理

该技术将鱼菜共生系统与集装箱养殖技术有机结合，从生态还原池塘中抽取上层优质养殖水体，进入标准集装箱进行集约化养殖。针对养殖品种和水质环境要求，综合运用循环推水、生物净水、流水养鱼、精准投喂、鱼病防控、集污排污、水质在线监测、物联网智能管理等技术，实现有效精准控制养殖环境和养殖过程。养殖尾水经微滤机去除悬浮颗粒流入池塘，经鱼菜共生系统处理后循环利用。

## 三、技术要点

### （一）排污系统
集装箱底部设有一个粪便收集系统，收集到的粪便进行干湿分离后，固体沉积物作为农作物的有机肥。

### （二）水处理系统
集污槽中的水体携带粪便颗粒流至微滤机中，粒径大的颗粒被分

离到排污管，可用于蔬菜种植；粒径小的颗粒随水流至生态塘，生态塘内养殖适量鲢、鳙，不投饵料，在该池内搭建浮床种植蔬菜，利用鱼菜共生系统洁净水质。

（三）出鱼系统

箱体前端配备 300 毫米出鱼口，出鱼口内部有挡水插板，可实时操控，成鱼通过出鱼口放出。出鱼口通常会被打磨顺滑，有利于鱼顺滑出箱，节省人力。出鱼时，降低循环箱水位至 1 米左右，打开出鱼口，提起挡鱼板，出鱼口外放置接鱼箱，接鱼箱满后放下挡鱼板，更换接鱼箱继续出鱼。带水操作可减少成鱼脱离水体时间，降低成鱼应激反应，避免鱼体受伤感染。

（四）进水系统

进水口在箱侧壁顶端，箱体水泵利用浮桶抽取池塘中上层的水进入养殖箱体内，进水口的流量满足 30 米$^3$/时，进水口流速不能太高。

（五）增氧系统

系统需求进气量 25 米$^3$/时，气压 0.03 兆帕，按并联箱体数量选配风机规格。进气管由排空阀、PVC/PPR 管连接，增氧系统保持开启状态，箱内配备溶解氧探头，箱体内溶解氧应超过 5 毫克/升，同时变频控制增氧系统，以适应不同养殖阶段、不同养殖品种对流速的不同需求。

（六）杀菌系统

系统配备臭氧发生器，最大产生量为 5 克/时。系统中臭氧的应用主要有两方面。一是初次加水消毒。初次加水，将臭氧发生器调节至最大，臭氧产生量 5 克/时，系统循环量 15 米$^3$/时，逐步调节至 10 米$^3$/时，即可使箱体内臭氧浓度维持在 0.33～0.4 毫克/升，此浓度的臭氧杀菌能力强。

二是养殖期间，系统循环量稳定为 15 米$^3$/时，臭氧添加量为 2～3 克/时，调节水体臭氧浓度为 0.1～0.15 毫克/升（安全消毒浓度）。臭氧同时可去除氨、氮、铁、锰，氧化分解有机物并有絮凝作用，降低养殖水体中重金属毒性及氨、氮毒性。

（七）智能监控系统

通过物联网智能监控系统平台对生产过程实行实时监控，使用集成控温、控水、控苗、控料、控菌、控藻的成套设备，养殖智能化水平大幅提升。

## 四、取得成效

### （一）经济效益显著

以乌鳢为例，根据实际养殖情况，每口养殖箱体每年 6 万元左右的运营投入可以实现 7 万元左右的产出，单箱养殖利润可达 16%。生态池生产的蔬菜十分畅销，在该技术模式下可带来额外的经济效益。

### （二）生态效益显著

养殖固体废物收集率在 90% 以上，实现养殖尾水资源化循环利用。在相同产量下，较传统池塘养殖节水 50% 以上、节地 70% 以上。集装箱养殖还可将传统养殖池塘解放出来，改造成环境优美的生态池、景观池、休闲池，促进乡村环境治理和水系再造，改善乡村人居环境。

### （三）社会效益显著

集装箱养殖在生产水产品的同时，可与休闲垂钓、旅游餐饮、科普教育等有机结合，促进乡村产业融合发展。

## 五、技术优势

### （一）养殖成本低

#### 1. 节约干塘排塘成本

集装箱养殖系统的残饵、粪便能及时随水体流出被循环利用，养殖水体经过旋流分离器后，大颗粒物会聚集在旋流分离器的集污器中被收集处理，经初步固液分离后的水体会回到池塘中，从而节省了排塘干塘的成本。

#### 2. 节约饲料成本

开展集装箱养殖可集中投喂，精准控制，与传统池塘养殖相比，可减少全塘撒料产生的浪费，节省了饲料成本。

#### 3. 减少管理成本

集装箱循环水养殖构建了智能可控的健康养殖系统，通过物联网平台可实现实时操控，减少了人力物力投入，节约了人工成本。

### （二）生态环保

系统配备养殖废水沉淀系统，可将养殖尾水进行多级沉淀去除悬

浮颗粒后排入池塘进行净化，养殖过程中产生的部分残饵、粪便可集中收集处理；利用生态池作为缓冲和水处理系统，真正实现资源循环利用，生产过程与生态农业、休闲渔业等相结合，达到生态保护的效果，实现清洁生产。

### （三）病害可控

通过循环换水、利用，保持较好的水质，可减少病害发生。加之养殖人员可以通过可视化系统监测鱼类状况，更容易发现病情并及时做好病害防治。同时在治疗过程中，养殖区域比较集中，用药治疗的针对性强，可有效减少治疗药物的使用。

### （四）保障水产动物优良生长环境

集装箱通过供氧系统曝气和供氧，使水体溶解氧均匀，有效减少缺氧情况发生，确保养殖水产动物健康生长。

### （五）提高抵抗自然灾害能力

集装箱可有效抵抗台风、暴雨、洪水和高温寒潮等自然灾害，降低养殖户的灾害损失。

### （六）集约智能

集装箱占地面积少，单位产出高，有助于水产养殖业突破土地、劳动力等资源要素瓶颈。养殖箱体模块化、易组装、可拆卸，养殖易实现标准化操作。通过物联网智能监控技术可进行水质在线监测和设备自动控制，实现生产智能化管理。

### （七）品质可控

通过循环水流，鱼在箱内顶水的过程中消耗油脂，其肉质口感更好，鱼产品品质明显提升。

## 第六节　大水面水体浮式内循环微流水养殖融合技术

### 一、池塘浮式内循环微流水养殖模式技术原理

池塘浮式内循环微流水养殖模式是通过在内凼上用不锈钢加工长27米、宽5米、高2米的流水养殖槽，用泡沫桶提供浮力，每个槽体重量约3 500千克。整个养殖系统分成两个区，流水槽为鱼类养殖区，池塘为水质净化区。养殖区圈养吃食性鱼类，水质净化区套养滤食性

鱼类、贝类或种植挺水植物。通过安装在流水槽顶端的气提推水增氧设备将富含溶解氧（溶解氧始终保持在 5.0 毫克/升以上）的水流推入槽内（平均 6 分钟换水一次），水流既给槽中鱼提供充足溶解氧，又将鱼类排泄物推集至污物收集区沉淀，沉淀污物通过自动吸污设施回收至工程化处理设施进行处理（图 8-11）。

池塘浮式内循环微流水养殖模式解决了在水深较深的水体进行内循环微流水养殖的问题，大大提高了鱼类的成活率和饲料消化吸收率，有效地减少了病害的发生，同时实现"零排放"。

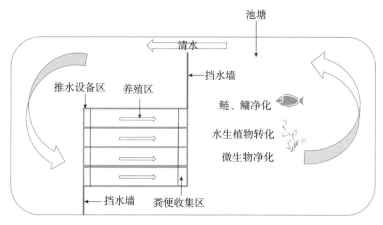

图 8-11 池塘浮式内循环微流水养殖模式技术原理图

## 二、养殖经营状况

以重庆市大洪湖水产有限公司为例，共建造池塘浮式内循环微流水养殖槽 42 条，现主要养殖品种为加州鲈和翘嘴红鲌。翘嘴红鲌养殖槽 12 个，年产翘嘴红鲌 90 吨；加州鲈养殖槽 30 个，年产加州鲈 300 吨。年纯利润 300 余万元。

## 三、养殖水质的净化处理

采用原位治理和工程化治理措施相结合。

（一）原位治理

**1. 水生植物净化**

在养殖水体上面种植空心菜，通过空心菜对水体中氮、磷等营养物质的吸收，实现水体的净化。整个池塘有浮床 300 个，种植空心菜约

2 000 米$^2$。

**2. 滤食性水生动物净化**

在净化区放养鲢、鳙及贝类等滤食性的水生动物，通过鲢、鳙、贝类消耗浮游动植物，实现净化水体的目的。整个池塘放养鲢 4 万尾、鳙 1 万尾、蚌 0.4 万只。

**（二）工程化治理措施**

整个养殖系统配备了工程化粪污处理设备，养殖槽中的鱼类排泄物推集至污物收集区沉淀，沉淀污物通过自动吸污设施回收至工程化处理设施，经提升泵到达修建的污水处理池，到达污水处理池的污水经过滤、加药、沉淀、干湿分离、气浮、生物滤池、生态湿地，水质达标后排放回用，干湿分离的鱼类排泄物及饵料残渣可直接作为果蔬的有机肥。

第九章

# 工程化种养模式

工程化种养模式主要指室内工厂化循环水鱼类共生种养模式和异位大棚式鱼菜共生种养模式。

## 第一节　室内工厂化循环水鱼菜共生种养模式

室内工厂化循环水鱼菜共生种养模式，是一种新型的复合种养模式，通过巧妙的生态设计，将水产养殖与作物栽培两种模式进行技术整合，水产养殖的尾水通过分离过滤和细菌处理，其中的氨、氮等物质被分解作为作物生长的养分，达到生物之间互利共生，实现"养鱼不换水、种菜不用肥"的目标，是一种可持续、"零排放"的低碳生产方式。

### 一、系统组成

室内工厂化循环水鱼菜共生种养系统一般由生产大棚、鱼池系统、自动监测系统、自动投饵系统、水质处理系统、作物栽培区等组成。系统的主要特点表现在生产的连续性、无季节性和主动控制性。

（一）鱼池系统

室内工厂化循环水养殖设施，可采用高强度塑料、玻璃钢或混凝土建造；形状按水流转动流畅、排污清洁彻底和地面利用率高的原则设计，多为长方形或椭圆形；单个小单元养殖区面积以 $30\sim50$ 米$^2$ 为宜，池深 2 米左右；配备完善的进排水设施，同时考虑水产养殖区、水质处理系统和作物栽培区之间的连接。

（二）自动监测系统

自动监测系统指在室内养殖池中采用机械、生物、化学和自动化

信息技术等先进手段，自动监测水温、pH、溶解氧、硫化氢、氨氮及亚硝酸盐等。

（三）作物栽培区

水产养殖的水经过预处理后，通过水泵进入水培种植区。水培种植区可采用陶粒或泡沫板等材料来固定作物根系，这些陶粒一方面可以固定蔬菜，另一方面可以作为循环水养鱼的生物过滤材料，有益菌在上面附着滋生，可以形成稳固的生物分解系统。栽培品种多样，主要为叶菜类、瓜果类作物，如黄瓜、苦瓜、空心菜、西红柿等。

（四）水质处理系统

在整个循环水处理系统中，养殖尾水首先进入一级净化池，将残饵、粪便等杂物分离，然后进入水培作物栽培区，利用作物的根系去除养殖水中部分氨氮、亚硝酸盐等有害物质。最后，经作物栽培区处理后的水进入蓄水池，对其进行水质监测和处理，达到养殖用水要求后进入养殖池。

## 二、系统优缺点分析

（一）优点

**1. 资源节约**

室内工厂化循环水鱼菜共生循环水养殖模式是一个高度集成的生态系统，相比传统的水产养殖，可节约大量的土地资源和水资源，养殖密度可达传统养殖密度的 20 倍以上，可大大节约用水。

**2. 持续高效**

室内工厂化循环水鱼菜共生循环水养殖模式通过科学放养不同规格的鱼种和合理确定作物栽培时间及品种，可实现农产品的持续上市销售。

**3. 安全可靠**

室内工厂化循环水鱼菜共生循环水养殖系统是一个相对密闭的生态系统，在生产过程中不需要使用肥料和农药，实现产品安全可控。

（二）缺点

**1. 投资大**

不同于传统的粗放型养殖，工厂化养殖在厂房、养殖设施、循环水处理设备等硬件方面投资较大，有的封闭循环水处理系统完全是人工建造的生态系统，程序复杂，建造成本高。因此，一些项目的建设投资动辄几百万元甚至上千万元。起步阶段高昂的投入，使我国许多中小型经营规模的养殖户（单位）望而却步，从而使工厂化养殖的推广普及受到了制约。

**2. 技术难度大**

鱼菜共生系统是一个闭环的生产系统，它的良好运转主要是依赖于系统中的鱼、微生物和农作物三者之间的平衡。要想达到这个目标，就要求鱼菜共生系统的操作者要对动植物学、微生物学、系统环境科学等有一定的了解。要掌握和具备相关专业知识，技术难度较大。

**3. 风险系数高**

鱼菜共生整个系统是一个内部元素之间相互影响的整体，其中任何一个环节出现问题，都会导致整个系统的瘫痪崩溃。因此，运转良好的鱼菜共生系统必须要有完善的工艺设计、水处理系统等，做好管理工作，发现问题及时处理，尽量将损失降到最低。

## 第二节　异位大棚式鱼菜共生种养模式

异位大棚式鱼菜共生种养是将传统鱼菜共生中的养鱼和种菜的位置相对分开，将渔业养殖尾水移出池塘并输送至异位的大棚内用于栽种水生植物（蔬菜、瓜果、花卉等），经水生植物循环利用后的养殖尾水流入鱼池中进行循环使用的生态种养模式。

该模式通过巧妙的生态设计，将水产养殖与水生植物栽培这两种原本完全不同的农耕技术结合起来，达到科学的协同共生。鱼类生长过程中产生的养殖尾水，富含水生植物生长所需的氮、磷等营养元素，属于天然的有机营养肥料，在经过水生植物吸收后，养殖尾水中的氮、磷含量能够显著降低，处理后的尾水作为新水，注入池塘循环使用，能够达到种菜不施肥而正常生长，养鱼不换水而水质优良的目的，不仅节水节肥，有效改善水产养殖环境条件，还提高了鱼菜产量和鱼菜品质。

该模式适用于池塘水质较肥的富营养化池塘，水体在进入大棚开展水生植物栽种前应进行过滤处理，定期清理过滤后的滤渣。大棚需按照通风、保温的效果进行规划设计，以延长水生植物的生长期或者

种植反季节蔬菜。一般在大棚中修建水池，并在水池中架设浮床、铺设碎石、陶粒等，或者在大棚中建设立体输水管道，作为水生植物栽种载体。大棚内水生植物宜选择根系发达、再生能力强和能高效吸收水体中氮、磷的蔬菜、瓜果、花卉等，常见种类有空心菜、丝瓜、西洋菜、苋菜、生菜、黄瓜、西红柿、铜钱草等。建议栽种重心较低的矮株作物。如要栽种丝瓜、番茄等高株或者藤蔓植物，需用塑料绳索或铁丝等固定，防止植株重心偏移而倒伏。水生植物栽种面积需根据池塘水质肥瘦情况、栽种品种等情况酌定。水生植物达到上市规格后，应及时采收上市，水生植物发生病害时应及时直接移除并补种。水生植物收获完成后，应及时将水生植物根茎等彻底清除，并将水池、浮床、碎石、陶粒或者管道清洗或疏通备用。

# "鱼菜共生"产品品牌打造与市场营销

## 第一节　鱼菜品牌打造

　　水上种植的空心菜与陆地种植的相比具有以下几个特点：一是不易变色，能保持青绿色；二是口味清香清脆，无残渣，纤维较少；三是即使二次回锅仍能保持较好的清香口味；四是在冰箱冷藏保鲜时间较长，能达到 1 周以上，比一般空心菜保鲜时间长 2~3 天；五是收获时期延长，水中种植空心菜比陆地上种植的空心菜收割时间要延后 20 天以上，是因为池塘水温比陆地降温要慢，陆地的空心菜已经停止生长，而水上空心菜还生长旺盛，能在一定程度上调节市场供应。

　　2010 年起，"鱼菜共生"技术模式在重庆市得以普遍推广，推广面积不断扩大，技术措施不断改进完善，栽种蔬菜花卉等品种不断增加，受到渔/农民的广泛欢迎。通过"鱼菜共生"方式生产出来的蔬菜、水稻等作物经检测无药残，全批次合格。2016 年重庆市水产开发总公司申请注册"鱼菜缘"商标获得成功，经检测，"鱼菜缘"牌鱼塘新米、空心菜达到绿色食品标准，并获得绿色食品证书。重庆市水产开发总公司除自己使用该商标品牌外，还授权给符合质量要求的其他农业公司和合作社等使用，实现区域性深度合作与资源共享，扩大了品牌的知名度，提高了优质农产品的销售量，做到了优质优价，丰富"菜篮子"工程回馈市民。

重庆市
鱼菜共生

## 第二节　鱼菜产品的市场营销

　　目前农产品市场销售途径和方法，一是进入各大超市、农贸市场；

二是进入专卖店；三是网上配送销售；四是直营配送酒店、饭店等。根据"鱼菜共生"系列产品的实际情况，建议市场营销采取循序渐进的方法和措施。首先，在产量规模较小时，适宜于配合生态、绿色等优质水产品走网上配送销售的办法，逐步建立起一批高端的忠实老客户，这部分客户对农副产品质量要求高，能够接受优质优价的肉食、鱼类、蔬菜等食品。高端消费者的影响力巨大，往往能够引导消费潮流，通过他们的消费宣传带动其他客户群体。其次，在农家乐、渔家乐、林家乐等休闲渔业基地，利用闲置的水面推广"鱼菜共生"生态养殖模式，一方面改善水质，美化水面景观；另一方面进行环保和科普方面的宣传，更为重要的是在餐饮的菜谱上专门推介"鱼菜共生"系列生态鱼、蔬菜菜品，通过游客眼观、耳听和品赏来提高消费者对优质农产品的认知，如果消费者在休闲娱乐后觉得"鱼菜共生"的农副产品质优，可以购买带回家继续享用，从而培养起潜在客户。第三，供应给专销生态鱼的直营店、餐馆、星级酒店，对"鱼菜共生"产品进行宣传（播放"鱼菜共生"生产过程的视频录像资料），增加消费者的了解和认知，广泛培养客户群体，并促进特色餐饮经营。第四，鱼菜共生走上规模化生产经营之路，以农业发展有限公司、专业合作社的名义，联合广大的分散生产者，采用统一的技术、统一的包装、统一的品牌、统一的宣传、统一的销售、统一的配送等，进入社区各大超市和农贸市场，满足大众消费，使鱼菜共生产品走上普通市民的餐桌，鱼菜共生技术模式也走向产业化。

## 第三节　鱼菜运输与存储技术

"鱼菜共生"系列产品，除鱼塘米以外大多数都是鲜活产品，鲜活产品的包装、运输和储存技术非常关键，直接影响产品的形象、质量、保存和销售，鲜活农产品的保鲜、成活、保质一直是个难题。

活鱼运输一般用活鱼专用集装箱、氧气袋运输，通过增氧、加冰降低水温，以及使用麻醉剂来进行长途运输，能保证成活率95％以上，到了销售地点后将鱼放入蓄水池继续冲水充氧就可以使鱼较长时间存活和保鲜。而蔬菜类的保鲜储藏，主要通过相对密闭又通风的包装来完成，初选整理、加工好蔬菜，根据不同季节和蔬菜的具体特殊要求选择适当的包装,保证其保持适宜的湿度和温度,延长运输和存储的时间。面向高端市场的蔬菜的包装上最好设计有追溯条码信息。产品到达运输目的地后视其销售进度,多余的蔬菜可以运到当地专门的冷藏、氮气仓库存储,以延长保质和保鲜时间。

# 第十一章

## 池塘鱼菜共生技术模式的生态防病

### 第一节　减少疾病发生的因素

鱼类生活在池塘水环境中，创造利于鱼类生存的生活环境，提高鱼类自身免疫机能，就能减少鱼病的发生。

#### 一、水环境因素

创造适宜鱼类生存的池塘水环境，是减少疾病发生的最基本因素。池塘水环境主要包括水温、pH、溶解氧、底质等。

（1）水温　鱼类属于水生变温动物，环境转移时水温差不宜超过5℃。

（2）pH　一般为7.0～8.5。

（3）溶解氧　一般每天16小时内不得低于5毫克/升，任何时候都不得低于3毫克/升。当水中溶解氧过饱和时，鱼苗会患气泡病；当水中溶解氧过低时，影响鱼类对饵料的利用率，使其体质减弱。当溶解氧含量不足1毫克/升时，鱼就会浮头，严重时会窒息死亡。

（4）底质　池塘底部保持适量的淤泥层是有益的，但不能过多。淤泥中的有机质、氮、磷、钾、钙等营养物质可以通过细菌的分解和离子交换作用等，不断向水中溶解和释放，为饵料生物的繁殖提供养分，间接为鱼类补充营养。夏秋季节淤泥如果过多，淤泥中的有机物耗氧量过大，容易造成鱼类缺氧、泛池，甚至窒息死亡。过多淤泥也会造成有害生物大量繁殖而引起养殖鱼类发病。

#### 二、环境生物因素

主要是预防池塘生态环境中各种有害生物感染，包括微生物（病毒、细菌、霉菌、单细胞寄生藻类）、寄生虫（原生动物、蠕虫、蛭类、钩介幼虫、甲壳动物）以及敌害生物（食鱼鸟、鼠、蛇等）。

### 三、养殖管理因素

池塘饲养时要注意放养密度和混养比例，避免因为单位面积放养密度过大或底层鱼类与上层鱼类搭配不当，造成鱼类缺氧和饵料利用率降低，导致营养不良、生长快慢不均、抵抗力减弱等。

整个饲养过程一定要严格坚持"四消"（鱼塘消毒，鱼种消毒，饲料、食台、工具消毒和水体消毒），饲料投喂要"四定"（定质、定量、定时、定位）。禁止投喂不清洁或变质的饲料、腐败的水草等。

在进行拉网、捕捞、运输、转池等操作时，尽量避免机械损伤擦伤鱼体，同时做好消杀工作，避免因病原微生物大量侵入鱼体而引发疾病。

### 四、鱼体自身因素

鱼体自身的抵抗力高，是减少疾病发生的一个重要因素，因此在引种时要特别注意选择健壮优良的鱼种放养，特别是要避免有遗传性疾病或自身带病的鱼类。

## 第二节　疾病的预防工作

池塘鱼菜共生养殖环境下，因为水环境的良好改善，鱼病的发生会比传统养殖池塘有所减少。在鱼类没有疾病发生的时候，主要是通过改善和优化池塘水体养殖环境来做好预防工作。

### 一、保持好水体生态环境

（1）水源应清洁、不带病原生物以及人为污染的有毒物质，水的物理和化学指标应符合渔业水质标准。

（2）每1~3个月泼洒一次生石灰、沸石或过氧化钙等环境保护剂，可有效降解水中悬浮物，调节pH，提高肥效，促进鱼类的正常生长和发育。

（3）根据水质情况，合理使用光合细菌，保持养殖水体微生态平

衡，预防传染性、暴发性疾病。

## 二、从源头上消灭病原微生物

### (一) 严格检疫

入塘的鱼类必须进行严格的检疫，不投放不合格鱼类，严防水生动物疾病的流行与传播。

### (二) 鱼体消毒

鱼种放养前，要认真对鱼体进行检查和药浴消毒。药浴的浓度和时间，应根据不同养殖种类、个体大小及水温等灵活掌握，以达到杀灭体表、鳃上的细菌和寄生虫的效果。常用药浴药物及浓度介绍如下。

**1. 高锰酸钾**

浓度 $10\sim20$ 克/米$^3$，水温 $15\sim20$℃时，药浴 $15\sim20$ 分钟（防治细菌性皮肤病和寄生虫病）。

**2. 漂白粉**

浓度 $10\sim20$ 克/米$^3$，水温 $15\sim20$℃时，药浴 $15\sim20$ 分钟（防治细菌性皮肤病和鳃病）。

**3. 硫酸铜与硫酸亚铁 (5∶2)**

浓度 8 克/米$^3$，水温 $10\sim20$℃时，药浴 $20\sim30$ 分钟（防治车轮虫、斜管虫、毛管虫等寄生虫疾病）。

**4. 食盐**

浓度 $2‰\sim3‰$，水温 $15\sim20$℃时，药浴 $2\sim5$ 分钟（防治水霉病、烂鳃病）。

### (三) 饲料消毒

投喂动、植物饲料及施用粪肥前，应进行消毒处理。水草用 6 克/米$^3$漂白粉溶液浸泡 $20\sim30$ 分钟，经清水冲净后投喂；螺、蚌等动物性饲料须用清水洗净后取鲜活的投喂；施用发酵粪肥时，每 100 千克加入 30 克漂白粉拌匀后施用。

### (四) 工具消毒

养殖工具是疾病传播的媒介，因此每次使用后须进行日晒消毒或药物消毒。药物消毒一般可用高锰酸钾（浓度为 50 克/米$^3$）或漂白粉（浓度为 200 克/米$^3$），药物消毒后须用清水冲净再使用。

**（五）食场消毒**

食场及其附近区域是病原菌易于大量繁殖的场所，在养殖鱼类吃食后，应及时清扫食场，捞出残饵。定期在食场周围泼洒含氯制剂（漂白粉、三氯异氰尿酸、溴氯海因等）。定期在食场周围挂篓或挂袋形成消毒区，方法为在食场框架的每边中央及角顶悬挂篓或袋3～6个（只），每篓（袋）装漂白粉100克或敌百虫100克。

**（六）流行病季节的药物预防**

在鱼病的流行季节可定期用中草药预防。

**1. 体外预防用药**

用中草药扎成小捆放入塘库周围浸沤，杀灭水中病原微生物。如用乌桕叶沤水预防细菌性烂鳃病，苦楝树枝叶沤水预防车轮虫病等。

**2. 体内预防用药**

最好选用中草药捣碎后拌饲投喂，如用大黄、黄芩、黄柏、小苏打拌饲投喂可防出血性败血症及细菌性烂鳃病等。

## 三、注重增强鱼体的抗病能力

**（一）投喂优质适口饲料**

根据鱼类不同的发育阶段，投喂营养全面、新鲜、不含有毒成分，并通过精细加工在水中稳定性好、适口性强的饲料。

**（二）免疫接种**

养殖鱼类有合适疫苗可用的情况，可选择接种疫苗来预防特定疾病。免疫后一定要做好消毒，注意观察有无应激反应。

**（三）降低应激反应**

在养殖过程中有许多因素会引起养殖鱼类的应激反应，如惊扰、水污染、暴雨、高温、雷电等人为和自然因素。鱼类在比较缓和的应激源作用下，可通过调节机体的代谢和生理机能逐步适应，达到一个新的平衡状态。如果应激源过于强烈，或持续的时间过长，鱼类就会因为能量消耗过大，抵抗力下降，被病原微生物侵袭，引起疾病甚至导致死亡。在养殖过程中应注意减少应激源，降低不可避免的应激强度，缩短应激持续时间，在应激持续时间内注意观察鱼类反应。

# 第三节  发生疾病后的诊断工作

池塘中的鱼类出现行为异常，如离群独游、长时间浮在水面不下沉、摄食量减少等，以及水浑、大量死鱼等情况发生时就存在疾病发生的可能，养殖户此时要及时咨询专业人员，避免错过最佳的治疗时机或因诊断不准确造成错误用药，切忌乱投医、乱用药。专业人员对鱼病的诊断主要从以下几个方面入手。

## 一、情况调查

调查是采取问诊和检测的方法对鱼病发生的有关信息进行全面收集，从中分析鱼病可能发生的原因。

### （一）发病情况调查

包括发病季节和发病鱼的品种、来源、数量、范围、规格，以及病程长短、主要症状、发病率、死亡率、本次发病前后的防疫措施，尤其是用药种类、方式、剂量及效果等方面的调查。

### （二）养殖环境调查

包括养殖水体的大小、位置、构造、水源、进排水设施，水深、水温、水色、水中溶解氧、透明度、pH，底质状况，混养鱼种类、密度，水中浮游生物种类和数量，周围可能存在的污染源等。

### （三）饲养管理调查

包括养殖、起捕时间及方式，饲料种类、质量、来源，投饲量，鱼的生长速度，水体进排方式与消毒情况等。

## 二、现场查看

观察鱼类在池塘中的现状是正确诊断疾病的首要环节，鱼类发病的共同特征主要表现在体色、摄食及活动状况等方面。

### （一）鱼体体色、摄食及活动状况

（1）鱼体色发黑、离群独游，可能由饲料霉变、水质差、原虫类侵袭引起。

（2）鱼游动异常，在水中狂游、乱窜、兴奋、冲撞，可能由寄生虫寄生、鱼类中毒、气泡病引起。

（3）鱼食欲减退、呼吸困难，浮于水面，可能由水中溶解氧不足、水中存在过量有毒物质、水温过高或过低、鱼鳃部患病引起。

## 三、鱼体检查

### （一）目检

目检是诊断鱼病的主要方法之一，是以鱼患病部位的症状或肉眼可见的病原生物为依据，初步诊断鱼患了什么病。目检的主要部位和顺序为体表、鳃、内脏。

**1. 体表**

（1）鱼体色变黑，黏液增多。可能是有小型寄生虫寄生、水中有刺激性物质，或水温、pH 急剧升高。

（2）鱼体表出现白点、白粉、白霉及长毛。有可能是小瓜虫病、黏孢子虫病、打粉病、水霉病、白云病。

（3）鱼体表出现红点、红斑块状。有可能是鲺病、锚头鳋病、打印病、疖疮病、赤皮病、细菌性败血症。

**2. 鳃部**

（1）鳃丝带有淤泥，鳃丝腐烂，尖端软骨外露。一般为细菌性烂鳃病。

（2）花鳃或鳃苍白。一般为鳃霉病。

（3）鳃丝鲜红，有黏液。一般为原虫病。

（4）丝末端溃烂、"生蛆"。一般为中华鳋病。

（5）鳃丝发白，有黏液。一般为指环虫病。

**3. 内脏器官**

（1）肠道充血，有黄色黏液，肠内无食，肛门红肿，腹腔积水肿大。有可能是肠炎病、竖鳞病。

（2）腹部膨大，手触有结实部，肠道膨大。有可能是线虫病、绦虫病。

（3）肝脏、肾脏出现淤血、红肿、出血、溃烂、变色、肿大。有可能是营养性疾病、细菌性病、病毒病，或者汞、铅中毒。

### （二）镜检

对肉眼不能确诊或症状不明显的鱼病，应用显微镜或解剖镜对目检时所确定下来的病变部位作进一步的检查和确诊。重点是检查体表、

鳃和肠道。

### 四、综合分析确诊

鱼类疾病的确诊需要在目检、镜检以及现场调查的基础上进行综合分析。有可能是单纯感染（疾病是由一种病原侵袭引起），如车轮虫病，病原是车轮虫；也有可能是混合感染（同时有 2 种或 2 种以上的病原侵袭），混合感染疾病应根据病原的种类、数量及部位，确定其主要的病原，同时还要结合池塘环境条件，制定出有效的防治措施。

## 第四节 池塘常见鱼病的防治

鱼类疾病诊断后的用药治疗一定要严格遵循医嘱，严格按照药物的使用说明用药，不能随意增量或减量。在一定范围内药物作用的强度是随着剂量的增大而加强，当药量增加过多时，药物的治疗作用转变为毒性作用，会造成鱼体中毒；而当药量过小时，则不能发挥治疗作用，延误治疗时机。对于池塘中的病鱼，要及时捞取并合理处理，避免疾病的进一步传播。

### 一、病毒性疾病

#### （一）草鱼出血病
**1. 病原**
呼肠孤病毒。

**2. 症状**
病鱼体侧肌肉、鳍基部、口腔、鳃盖和眼睛充血。剥开皮肤，轻者肌肉呈点状充血，重者全身肌肉充血，鳃丝失血苍白。肠道无食物、充血，但不糜烂。

**3. 流行情况**
此病是目前草鱼饲养阶段危害最大的一种传染性疾病，它流行于全国各养殖地区，以长江流域流行最为普遍。流行季节在 6 月下旬至 9 月底，特别是 7 月中旬至 9 月上旬，水温在 27℃ 以上时最为流行，水温 25℃ 以下，病情逐渐缓解。2.4 厘米左右的夏花草鱼亦可发病，但严重程度稍有下降。当年草鱼死亡率一般在 30%～50%，最高可达

60％～80％，给渔业生产带来严重的威胁和巨大损失。

**4. 防控技术要点**

（1）加强苗种产地检疫，对购进的草鱼苗种要求进行呼肠孤病毒检测，避免苗种带毒。

（2）接种草鱼出血病疫苗，提高抗病力。

（3）做好放苗期的消毒，下塘前用2％～3％的食盐浸浴5～10分钟进行鱼体消毒，操作过程中避免弄伤鱼体，放苗时注意运苗水体与池塘水体温差不要太大。

（4）每100千克鱼用"三黄粉"混合药剂1千克（其中黄柏80％、黄芩10％、大黄10％）、食盐0.5～1千克、面粉3千克、麸皮6千克、菜饼或豆饼3～5千克，清水适量，充分拌匀做成药饵投喂，连喂5～10天，一般用药后3天可见效。

（5）每1万尾鱼种用大黄0.25～0.5千克，煎汁拌饲料投喂，连喂4～5天；同时每立方米水体用硫酸铜0.7克全池遍洒。

**（二）鲫造血器官坏死病**

**1. 病原**

鲤疱疹病毒Ⅱ型。

**2. 症状**

该病俗称鳃出血或大红鳃病，是养殖鲫现阶段危害最严重的疾病之一。病鱼鳃丝肿胀并附有大量黏液，呈暗红色鳃盖肿胀，鳃盖张合或鱼体跳跃过程中，会有血水从鳃盖下缘流出；重者出现血流如注的情况，放入水桶会很快将桶水染红。

**3. 流行情况**

流行广泛，发病水温10～25℃，死亡率高达90％～100％。

**4. 防控技术要点**

（1）强化亲本选育，挑选健康、抗病成鱼培育后备亲鱼，繁殖前对亲鱼进行病毒检测，淘汰携带病毒亲本。对受精卵和孵化水体进行消毒，切断病毒传播。

（2）做好清塘消毒，清除底泥。水深约10厘米，每公顷用750～1 125千克生石灰清塘消毒，1周后加注新水，可以用1毫克/升的漂白粉对水体进行消毒。

（3）加强苗种产地检疫，对购进的鲫苗种要求进行鲤疱疹病毒Ⅱ

121

型病毒检测，避免苗种带毒。

（4）做好放苗期的消毒，下塘前用 2‰～3‰ 的食盐浸浴 5～10 分钟进行鱼体消毒，操作过程中避免弄伤鱼体，放苗时注意运苗水体与池塘水体温差不要太大。

## 二、细菌性疾病

### （一）细菌性败血症

**1. 病原体**

主要由鲁克氏耶尔森氏菌、气单胞菌及河弧菌三类细菌引起。

**2. 症状**

病鱼的口腔、颌部、鳃盖、眼眶、鳍条及鱼体两侧充血，眼球突出，腹部膨大，剥去鱼皮，全身肌肉充血呈红色；鳃呈灰白色，鳃丝肿胀、末端腐烂；剖开腹腔，有淡黄色、红色腹水；肠壁充血，肠道充气、无食；肝、脾、肾肿大。

**3. 流行情况**

细菌性败血症是近年来流行地区最广、流行季节最长、危害鱼类最多的一种流行病。此病流行季节为每年的 2 月底至 11 月，水温在 9～36℃ 时，其中尤以水温为 28～32℃ 时发病最为严重。主要危害鲢、鳙、鲤、鲫、鳊、草鱼等，发病率高，死亡率为 30‰～50‰。

**4. 防控技术要点**

（1）严禁近亲繁殖，提倡就地培育健壮鱼种。

（2）彻底清塘。采用生石灰干法清塘，水深约 10 厘米，每公顷用 750～1 125 千克，8 天后放鱼入池。带水清塘，每公顷水深 1 米的水体用 1 875～2 250 千克，15 天后放鱼入池。

（3）每立方米水体用生石灰 30～40 克泼洒 1 次，隔 4～5 天后，每立方米水体用含氯制剂（强氯精或氯杀宁）0.3～0.5 克全池泼洒，连用 3 天。

（4）氟苯尼考或恩诺沙星，每 100 千克鱼用药 3～5 克拌饲投喂，连喂 3 天。

### （二）细菌性烂鳃病

**1. 病原体**

柱状纤维黏细菌。

**2. 症状**

病鱼体色发黑，呼吸困难，鳃上黏液增多，常伴有淤泥，鳃丝末端肿胀、腐烂发白，严重时鳃小片坏死脱落，鳃丝末端缺损，鳃丝软骨外露，常伴有蛀鳍、断尾现象。

**3. 流行情况**

此病是养殖鱼类严重的病害之一，主要危害青鱼、草鱼、鲢、鲤、鳙等，特别是草鱼种。流行季节为 4—10 月，流行水温为 15～30℃，28～35℃时为发病高峰。

**4. 防控技术要点**

（1）在发病季节，每半月每立方米水体用生石灰 20～30 克全池遍洒 1 次。

（2）在鱼种分塘时，用 2%～3% 的食盐水溶液药浴鱼种 10～20 分钟。

（3）每立方米水体用乌桕叶 2.5～3.7 克全池遍洒（使用前用 2% 的生石灰水溶液 2 千克浸泡 1 千克乌桕叶 12 小时，煮沸 10 分钟后带渣泼洒）。

（4）每立方米水体用氯制剂 0.3～0.5 克全池遍洒。

（5）每 100 千克鱼每天用磺胺二甲基嘧啶 10～12 克和恩诺沙星 2 克拌饲投喂，每天 1 次，连用 3 天。

**（三）细菌性肠炎病**

**1. 病原体**

肠型点状气单胞菌。

**2. 症状**

病鱼腹部膨大，鳞片松弛，肛门红肿，有黄色黏液流出。剖腹后，腹腔有积水，肠道充血，肠壁无弹性，轻拉易断。

**3. 流行情况**

主要危害草鱼、罗非鱼、黄鳝、斑点叉尾鮰、鲤。流行季节为 4—9 月。鱼池条件恶化、淤泥堆积、水中有机质含量较高时易发此病。

**4. 防控技术要点**

（1）外用含氯制剂（三氯异氰尿酸、二氧化氯等）全池遍洒。

（2）每 100 千克鱼每日用氟苯尼考 3～5 克拌饲投喂，每天 1 次，连用 4～6 天。

（3）每 100 千克鱼每天用大蒜 500 克，加食盐 100 克拌饲投喂，每

天 1 次，连用 4～6 天。

(四) 赤皮病

**1. 病原体**

荧光假单胞菌。

**2. 症状**

病鱼体表出血发炎，鳞片脱落，特别是鱼体两侧及腹部最为明显。鳍条充血，鳍条间的软组织常被破坏，末端腐烂呈扫帚状。低温时病灶处常继发水霉。

**3. 流行情况**

此病流行广泛，终年可见，无明显的流行季节，5—9 月较为常见。每年放养或捕捞后最易发生，常与烂鳃病并发。

**4. 防控技术要点**

(1) 用生石灰彻底清塘，并在捕捞、搬运、放养过程中，防止鱼体受伤。鱼种放养时，用浓度 5～10 克/米³ 的漂白粉药浴半小时。

(2) 每立方米水体用漂白粉 1 克全池遍洒。

(3) 每立方米水体用五倍子 2～4 克（煎水）全池遍洒。

(4) 每 100 千克鱼每天用磺胺嘧啶 10 克拌饲投喂，每天 1 次，连用 3～5 天。

(五) 细菌性腐皮病

**1. 病原体**

属柱状纤维黏细菌。

**2. 症状**

发病初期，感染部位出现灰白色斑块，随之斑块下皮肤坏死、充血，病灶逐渐扩大，大面积皮肤腐烂，露出肌肉，蛀鳍。

**3. 流行情况**

此病是斑点叉尾鮰、大口鲇、胡子鲇、黄鳝等无鳞鱼的常见病，发病率为 50% 左右，流行季节为春、夏、秋季，水温为 20～30℃ 时为流行高峰。

**4. 防控技术要点**

(1) 每立方米水体用大黄 0.3～0.4 克全池遍洒（每千克大黄用 20 千克 0.3% 的氨水在常温下浸泡 24 小时，兑水遍洒）。

(2) 每立方米水体用五倍子 2～4 克全池遍洒。

（3）每立方米水体用氯制剂 0.3～0.5 克全池遍洒。

### （六）白头白嘴病

**1. 病原体**

一种黏球菌。

**2. 症状**

病鱼吻端至眼球一段的皮肤色素消失呈白色。唇似肿胀，张闭失灵，呼吸困难，口周围的皮肤细胞坏死，常有絮状物黏附在口周围，呈现出"白头白嘴"状。有个别病鱼头部充血，呈现"红头白嘴"状。尾鳍的边缘有白色镶边或蛀鳍，不久便出现大量死亡。

**3. 流行情况**

流行广泛，是夏花鱼种培育中常见的严重疾病之一。此病来势凶猛，发病率高、死亡率高。流行季节为 5—7 月，6 月为发病高峰。主要危害鲢、鳙、草鱼、青鱼等鱼苗、鱼种（鱼苗养到 20 天左右，若不及时分塘，最易暴发此病）。

**4. 防控技术要点**

（1）加强饲养管理，保证鱼苗有充足饲料和良好的环境，并及时分塘。

（2）每立方米水体用氯制剂 0.3～0.5 克全池遍洒。

（3）每立方米水体用生石灰 20～30 克全池遍洒。

### （七）白皮病

**1. 病原体**

白皮极毛杆菌和鱼害黏球菌。

**2. 症状**

发病初期，病鱼尾柄处出现白点，迅速扩大蔓延，致背鳍与臀鳍间的体表至尾鳍基部全部呈现白色，故又称"白尾病"。严重时蛀鳍或烂掉，不久病鱼头部朝下，尾部朝上，一会儿即死亡。

**3. 流行情况**

此病是夏花鱼种的主要疾病之一，主要感染鲢、鳙夏花鱼种，草鱼种有时也患此病，死亡率达 30％～45％，发病后 2～3 天死亡。流行季节为 6—8 月。

**4. 防控技术要点**

（1）保持池水清洁，供给鱼类丰富的天然饵料。

（2）在捕捞、运输等操作过程中，应避免鱼体受伤。

（3）任选以下一种药物全池遍洒：三氯异氰尿酸（每立方米水体用0.3～0.5克）、漂白粉（每立方米水体用1克）、五倍子（每立方米水体用2～4克）。

## 三、真菌性疾病

### （一）水霉病

**1. 病原体**

水霉属和绵毛霉属。

**2. 症状**

肉眼可见病鱼体上有白色或灰白色的絮状物，故又称"白毛病"。菌丝与伤口的细胞组织缠绕黏附，使组织坏死，鱼体焦躁不安，游动失常，食欲减退，最后消瘦而死。

**3. 流行情况**

此病流行范围广，各地均有发生。以早春和晚冬最为流行，流行水温为15～18℃，水霉对寄主无严格选择，各种鱼均可寄生。主要危害鱼卵、鱼苗、鱼种。

**4. 防控技术要点**

（1）拉网、运输和放养鱼种时，操作要细致，不使鱼体受伤。

（2）用2%～3%的食盐水溶液，药浴5～10分钟。

（3）可在受伤亲鱼伤口上直接涂抹高浓度的高锰酸钾，防止水霉菌感染。

### （二）鳃霉病

**1. 病原体**

鳃霉。

**2. 症状**

病鱼鳃瓣呈粉红色或苍白色，并有点状充血和出血，呈花鳃，严重时全部鳃呈灰白色。随着病情的发展，菌丝不断向鳃组织生长，堵塞血管，使鱼的呼吸机能受到严重阻碍，病鱼呼吸困难、失去食欲，几天后出现大量死亡。

**3. 流行情况**

每年5—10月的夏秋季节为此病流行季节，尤以5—7月为甚。此病的流行与池水条件的恶化密切相关，特别是有机质含量较高、水质肮脏而发臭的池塘更易发生此病。主要危害草鱼、青鱼、鳙、鲫等鱼苗和成鱼。

**4. 防控技术要点**

（1）彻底清塘，保持水质清洁，改善生态环境，可防止此病发生。

（2）加强水质管理，发病后迅速加入新水，或将病鱼转移到水质较好的水体中。

（3）每立方米水体用生石灰 20～30 克全池泼洒，可降低池水中的有机质含量，对此病有预防作用。

（4）每立方米水体用漂白粉 1 克全池泼洒。

## 四、寄生虫病

### （一）车轮虫病

**1. 病原体**

车轮虫和小车轮虫两个属。

**2. 症状**

病鱼体消瘦，离群独游，行动迟缓，鳍和头部出现一层白翳，呈"白头白嘴"状，在水中尤为明显。3 厘米以下的幼鱼因车轮虫刺激，成群沿塘边狂游，不摄食，呈"跑马"现象，最后消瘦而死亡。

**3. 流行情况**

此病是苗种阶段危害性较大的疾病之一。各地养殖场均有流行，5—8 月为流行季节，越冬鱼池也时有发生。车轮虫对寄主无严格选择性，各种鱼类（如鲤、鲫、青鱼、鲢、鳙等）均可被寄生和感染，主要危害夏花苗种，可造成其大批死亡。

**4. 防控技术要点**

（1）用生石灰彻底清塘。

（2）采用经发酵的有机粪肥施肥，可减少和预防此病发生。

（3）鱼苗、鱼种放养前，用硫酸铜（每立方米水体 8 克）溶液，药浴 20～30 分钟；或用浓度为 2% 的食盐水，药浴 20～30 分钟，可杀灭车轮虫。

（4）每立方米水体用硫酸铜与硫酸亚铁合剂（5∶2）0.7 克全池

泼洒。

（二）小瓜虫病

**1. 病原体**

多子小瓜虫。

**2. 症状**

肉眼可见病鱼体表和鳃瓣上布满白色点状囊泡，故又名白点病。病情严重时，鱼游泳迟钝，呼吸困难，漂浮水面，不久即成批死亡。

**3. 流行情况**

此病流行广泛，对寄主无严格选择性，可危害各种鱼类，流行季节为春、秋季。流行水温为 15～25℃。

**4. 防控技术要点**

（1）用生石灰彻底清塘，可杀灭水体中的孢囊。

（2）用消毒药物定期对水体进行消毒，调节水质。

（三）鲢碘泡虫病（疯狂病）

**1. 病原体**

鲢碘泡虫。

**2. 症状**

病鱼极度消瘦，体色暗淡丧失光泽，体表发黑，尾巴上翘，在水中狂游乱窜，打圈子或钻入水中后，复而又跳出水面似疯狂状态，失去正常活动能力，终致死亡。

**3. 流行情况**

此病全国各养殖地区均有发生，全年均可发现，6—9月为流行期。

**4. 防控技术要点**

（1）每公顷（水深1米）用1 500～1 875千克生石灰彻底清塘，可杀灭池底淤泥中的孢子，从而减少该病的流行。

（2）在放养前，用高锰酸钾（每立方米水体20克）溶液，药浴30分钟，能杀灭60%～70%的孢子。

（四）指环虫病

**1. 病原体**

小鞘指环虫和鳙指环虫。

**2. 症状**

严重感染时，肉眼可见病鱼鳃上布满灰白色虫体，鳃部浮肿，鳃盖张开，鳃丝黏液增多；病鱼呼吸困难，逐渐瘦弱至死亡（用显微镜确诊）。

**3. 流行情况**

此病是鱼苗、鱼种及成鱼养殖阶段常见的一种寄生性鳃病。主要危害鲢、鳙及草鱼。流行广泛，各地均有流行。流行水温为 20～25℃，流行季节为春末夏初和秋季。

**4. 防控技术要点**

（1）生石灰带水清塘。每公顷（水深 1 米）用生石灰 900 千克，可有效杀灭指环虫，减少此病发生。

（2）鱼种消毒。夏花鱼种放养前，用晶体敌百虫（每立方米水体 1 克）水溶液，药浴 20～30 分钟，可有效预防此病。

（3）用高锰酸钾（每立方米水体 20 克）溶液药浴病鱼。水温 10～20℃时，药浴 15～20 分钟；水温 25℃以上时，药浴 10～15 分钟。

**（五）中华鳋病**

**1. 病原体**

鲢中华鳋、大中华鳋。

**2. 症状**

雌鳋寄生在鱼的鳃丝上。大量寄生时，病鱼消瘦、烦躁不安，在水面打转狂游，尾鳍露出水面。揭开鳃盖，肉眼可见鳃上挂着白色的"小蛆"，系雌鳋的卵囊，寄生处鳃丝末端肿大，呈白色。

**3. 流行情况**

此病流行较为广泛，每年 5—9 月（水温 20℃以上）是发病高峰期，主要危害鲢、鳙和草鱼，严重时可引起鱼类死亡。

**4. 防控技术要点：**

（1）用生石灰彻底清塘，杀灭虫卵、幼虫和带虫者，可预防此病的发生。

（2）每立方米水体用晶体敌百虫 0.3～0.5 克全池遍洒。

第十二章

# 池塘鱼菜共生条件下科学投喂

饲料投喂与水产品品质直接相关，本章首先分析鱼菜共生条件下产出的水产品肉质情况，基于此介绍科学投喂技术，以提高鱼菜共生模式下产出的水产品品质。

## 第一节　鱼菜共生条件下产出的水产品肉质

本节以草鱼为研究对象，对比鱼菜共生条件下饲养的草鱼品质与其他典型养殖模式下的草鱼品质。

### 一、基本营养成分

不同养殖模式会显著影响草鱼的肌肉组成及形体指标，见表12-1。稻田养殖草鱼的肌肉粗蛋白含量显著低于池塘鱼菜共生模式和工程化循环水养殖模式，而池塘鱼菜共生养殖草鱼的肌肉粗脂肪含量显著高于其他两种模式。草鱼肌肉水分及粗灰分含量不受养殖模式的影响。此外，池塘鱼菜共生养殖草鱼的肥满度和脏体比显著高于其他两种模式。

表 12-1　不同养殖模式的草鱼每 100 克肌肉的组分及形体指标

| 项　目 | 养殖模式 | | |
| --- | --- | --- | --- |
| | 稻田 | 池塘 | 循环水 |
| 肌肉组成 | | | |
| 水分（克） | 77.01±4.45 | 75.26±4.34 | 76.12±4.39 |
| 粗蛋白（克） | 16.11±0.18[a] | 18.62±0.29[b] | 18.20±0.10[b] |

（续）

| 项 目 | 养殖模式 | | |
|---|---|---|---|
| | 稻田 | 池塘 | 循环水 |
| 粗脂肪（克） | $2.94\pm0.08^a$ | $4.55\pm0.13^b$ | $3.10\pm0.13^a$ |
| 粗灰分（克） | $1.11\pm0.04$ | $1.23\pm0.04$ | $1.18\pm0.04$ |
| 形体指标 | | | |
| 肥满度 | $1.83\pm0.06^a$ | $2.46\pm0.10^b$ | $1.84\pm0.11^a$ |
| 脏体比 | $10.94\pm0.74^b$ | $15.84\pm0.64^c$ | $7.72\pm0.45^a$ |
| 肝体比 | $3.02\pm0.40^b$ | $3.39\pm0.11^b$ | $1.66\pm0.10^a$ |

注：稻田指的是稻田养殖模式，池塘指的是池塘鱼菜共生模式，循环水指的是工程化循环水养殖模式。同行数值中上标不同字母表示差异显著（$P<0.05$）。

## 二、肌肉氨基酸组成

草鱼的肌肉氨基酸组成及含量见表 12-2。不同养殖模式对草鱼肌肉氨基酸组成及含量影响不显著。稻田养殖模式、池塘鱼菜共生模式、工程化循环水养殖模式养殖草鱼的肌肉中氨基酸总量占肌肉干重百分比分别为 72.01%、65.48% 和 72.33%，肌肉中氨基酸含量最高的为谷氨酸，占肌肉干重的百分比分别为 11.84%、10.64% 和 11.78%。

表 12-2 不同养殖模式的草鱼每 100 克肌肉氨基酸组成及含量

| 项 目 | 养殖模式 | | |
|---|---|---|---|
| | 稻田 | 池塘 | 循环水 |
| 天门冬氨酸（克） | $8.09\pm0.47$ | $7.38\pm0.43$ | $8.10\pm0.47$ |
| 谷氨酸（克） | $11.84\pm0.68$ | $10.64\pm0.61$ | $11.78\pm0.68$ |
| 丝氨酸（克） | $3.15\pm0.18$ | $2.88\pm0.17$ | $3.16\pm0.18$ |
| 组氨酸（克） | $2.01\pm0.12$ | $2.22\pm0.13$ | $2.07\pm0.12$ |
| 甘氨酸（克） | $4.06\pm0.23$ | $3.33\pm0.19$ | $3.95\pm0.23$ |
| 苏氨酸（克） | $3.51\pm0.20$ | $3.18\pm0.18$ | $3.51\pm0.20$ |
| 精氨酸（克） | $4.76\pm0.27$ | $4.39\pm0.25$ | $4.88\pm0.28$ |
| 丙氨酸（克） | $4.83\pm0.28$ | $4.27\pm0.25$ | $4.79\pm0.28$ |

（续）

| 项 目 | 养殖模式 | | |
|---|---|---|---|
| | 稻田 | 池塘 | 循环水 |
| 酪氨酸（克） | 2.81±0.16 | 2.61±0.15 | 2.94±0.17 |
| 缬氨酸（克） | 4.07±0.23 | 3.76±0.22 | 4.10±0.24 |
| 蛋氨酸（克） | 2.09±0.12 | 1.92±0.11 | 2.14±0.12 |
| 苯丙氨酸（克） | 3.38±0.20 | 3.08±0.18 | 3.34±0.19 |
| 异亮氨酸（克） | 3.72±0.21 | 3.48±0.20 | 3.78±0.22 |
| 亮氨酸（克） | 6.52±0.38 | 5.95±0.34 | 6.53±0.38 |
| 赖氨酸（克） | 7.17±0.41 | 6.39±0.37 | 7.25±0.42 |
| 氨基酸总量/肌肉干重（%） | 72.01±4.16 | 65.48±3.78 | 72.33±4.18 |
| 必需氨基酸总量（克） | 37.23±2.15 | 34.36±1.98 | 37.62±2.17 |
| 非必需氨基酸总量（克） | 41.55±2.40 | 37.72±2.18 | 41.67±2.41 |
| D—氨基酸总量/氨基酸总量（%） | 48.62±2.81 | 47.82±2.76 | 48.25±2.79 |
| 必需氨基酸总量/氨基酸总量（%） | 42.30±2.44 | 42.39±2.45 | 42.38±2.45 |
| 半必需氨基酸总量/氨基酸总量（%） | 9.40±0.54 | 10.09±0.58 | 9.61±0.55 |

注：稻田指的是稻田养殖模式，池塘指的是池塘鱼菜共生模式，循环水指的是工程化循环水养殖模式。

　　将表 12-2 中的数据换算成每克蛋白中含氨基酸毫克数后，分别计算出不同养殖模式中草鱼肌肉的氨基酸分、化学分及必需氨基酸指数（表 12-3）。稻田养殖模式（2 716.77 毫克/克）、工程化循环水养殖模式（2 513.47 毫克/克）和池塘鱼菜共生模式（2 305.26 毫克/克）养殖的草鱼肌肉中的必需氨基酸含量依次降低，但是不同模式养殖的草鱼肌肉的必需氨基酸含量均高于 FAO/WHO 参考值*（2 190 毫克/克）。此外，稻田养殖模式产出的草鱼肌肉必需氨基酸指数最高，为106.61；而池塘鱼菜共生模式产出的草鱼肌肉必需氨基酸指数最低，为 90.79。

　　* 即联合国粮食及农业组织与世界卫生组织给出的蛋白质营养参考值。

表 12-3 不同养殖模式的草鱼肌肉氨基酸分、化学评分及必需氨基酸指数

| 必需氨基酸 | FAO/WHO | 鸡蛋蛋白 | 稻田 | | | 池塘 | | | 循环水 | | |
|---|---|---|---|---|---|---|---|---|---|---|---|
| | | | 氨基酸含量（毫克/克） | 氨基酸评分 | 化学评分 | 氨基酸含量（毫克/克） | 氨基酸评分 | 化学评分 | 氨基酸含量（毫克/克） | 氨基酸评分 | 化学评分 |
| 苏氨酸 | 250 | 292 | 313.06 | 1.25# | 1.07 | 264.07 | 1.06# | 0.90 | 287.84 | 1.15# | 0.99 |
| 缬氨酸 | 310 | 411 | 363.01 | 1.17* | 0.89* | 312.24 | 1.01* | 0.76* | 336.22 | 1.08* | 0.82* |
| 异亮氨酸 | 250 | 331 | 331.79 | 1.33 | 1.00 | 288.99 | 1.16 | 0.87 | 309.98 | 1.24 | 0.94 |
| 亮氨酸 | 440 | 534 | 581.53 | 1.32 | 1.09 | 494.10 | 1.12 | 0.93 | 535.50 | 1.22 | 1.00 |
| 赖氨酸 | 340 | 441 | 639.50 | 1.88 | 1.45 | 530.64 | 1.56 | 1.20 | 594.54 | 1.75 | 1.35 |
| 苯丙氨酸＋酪氨酸 | 380 | 565 | 552.10 | 1.45 | 0.98# | 472.51 | 1.24 | 0.84# | 514.99 | 1.36 | 0.91# |
| 必需氨基酸总量 | 2 190 | 2 960 | 2 716.77 | | | 2 305.26 | | | 2 513.47 | | |
| 必需氨基酸指数 | | | 106.61 | | | 90.79 | | | 98.85 | | |

注：＊表示第一限制性氨基酸；＃表示第二限制性氨基酸。稻田指的是稻田养殖模式、池塘指的是池塘鱼菜共生模式、循环水指的是工程化循环水养殖模式。

### 三、肌肉脂肪酸组成

不同养殖模式下草鱼肌肉脂肪酸组成及含量见表 12-4。

表 12-4  不同养殖模式的草鱼每 100 克肌肉脂肪酸含量（克）

| 项  目 | 养殖模式 | | |
|---|---|---|---|
|  | 稻田 | 池塘 | 循环水 |
| 肉豆蔻酸 C14：0 | $1.21\pm0.07^b$ | $1.01\pm0.06^{ab}$ | $0.98\pm0.06^a$ |
| 棕榈酸 C16：0 | $19.95\pm1.15$ | $16.31\pm0.94$ | $16.58\pm0.96$ |
| 硬脂酸 C18：0 | $4.04\pm0.23$ | $3.88\pm0.22$ | $3.66\pm0.21$ |
| 棕榈油酸 C16：1 | $6.59\pm0.38^b$ | $4.93\pm0.28^a$ | $4.55\pm0.26^a$ |
| 油酸 C18：1 | $32.93\pm1.90^a$ | $42.80\pm2.47^b$ | $32.82\pm1.89^a$ |
| 二十碳烯酸 C20：1 | $0.83\pm0.05^a$ | $2.47\pm0.14^c$ | $1.18\pm0.07^b$ |
| 二十二碳一烯酸 C22：1 | $0.00\pm0.00^a$ | $1.02\pm0.06^c$ | $0.52\pm0.03^b$ |
| 亚油酸 C18：2 | $16.26\pm0.94^a$ | $19.04\pm1.10^a$ | $29.08\pm1.68^b$ |
| 亚麻酸 C18：3 | $7.24\pm0.42^b$ | $2.26\pm0.13^a$ | $2.97\pm0.17^a$ |
| 花生四烯酸 C20：4 | $1.60\pm0.09^{ab}$ | $1.44\pm0.08^a$ | $1.92\pm0.11^b$ |
| 二十碳五烯酸 C20：5 | $0.74\pm0.04^c$ | $0.21\pm0.01^a$ | $0.32\pm0.02^b$ |
| 二十二碳六烯酸 C22：6 | $1.84\pm0.11^b$ | $0.85\pm0.05^a$ | $1.68\pm0.10^b$ |
| 二十碳五烯酸＋二十二碳六烯酸 | $2.58\pm0.15^c$ | $1.06\pm0.06^a$ | $2.00\pm0.12^b$ |
| 饱和脂肪酸总量 | $25.20\pm1.45$ | $21.20\pm1.22$ | $21.22\pm1.23$ |
| 单不饱和脂肪酸总量 | $40.35\pm2.33^a$ | $51.22\pm2.96^b$ | $39.07\pm2.26^a$ |
| 多不饱和脂肪酸总量 | $27.68\pm1.60^a$ | $23.80\pm1.37^a$ | $35.97\pm2.08^b$ |
| 脂肪酸合计 | $93.23\pm5.38$ | $96.22\pm5.56$ | $96.26\pm5.56$ |

注：同行数值中上标不同字母表示差异显著（$P<0.05$）。稻田指的是稻田养殖模式，池塘指的是池塘鱼菜共生模式，循环水指的是工程化循环水养殖模式。

### 四、肌肉理化特性

不同养殖模式的草鱼肌肉的质构特性见表 12-5。

表 12-5  不同养殖模式的草鱼肌肉的质构特性

| 项  目 | 养殖模式 | | |
|---|---|---|---|
|  | 稻田 | 池塘 | 循环水 |
| 弹性 | $0.69\pm0.06$ | $0.77\pm0.12$ | $0.76\pm0.08$ |
| 黏聚性 | $0.45\pm0.03$ | $0.43\pm0.02$ | $0.51\pm0.05$ |

（续）

| 项　　目 | 养殖模式 | | |
|---|---|---|---|
| | 稻田 | 池塘 | 循环水 |
| 咀嚼性 | 71.15±5.05[b] | 48.84±6.19[a] | 63.41±8.04[ab] |
| 恢复性 | 0.42±0.01[b] | 0.32±0.01[a] | 0.34±0.02[a] |
| 胶着性 | 0.67±0.01[b] | 0.51±0.02[a] | 0.46±0.02[a] |
| 硬度 | 61.29±4.57 | 69.26±6.39 | 56.17±8.57 |

注：同行数值中上标不同字母表示差异显著（$P < 0.05$）。稻田指的是稻田养殖模式，池塘指的是池塘鱼菜共生模式，循环水指的是工程化循环水养殖模式。

此外，不同养殖模式也会影响草鱼肌肉的 pH 降低值、滴水损失以及熟肉率（表 12-6）。

表 12-6　不同养殖模式的草鱼的 pH 降低值、滴水损失以及熟肉率

| 项　　目 | 养殖模式 | | |
|---|---|---|---|
| | 稻田 | 池塘 | 循环水 |
| pH 变化值 | 0.05±0.02[a] | 0.11±0.05[b] | 0.07±0.03[ab] |
| 滴水损失 | 9.57±0.42[a] | 11.67±0.65[b] | 11.08±0.80[ab] |
| 熟肉率 | 0.75±0.04 | 0.73±0.05 | 0.77±0.06 |

注：同行数值中上标不同字母表示差异显著（$P < 0.05$）。稻田指的是稻田养殖模式，池塘指的是池塘鱼菜共生模式，循环水指的是工程化循环水养殖模式。

## 五、肌肉抗氧化能力

如表 12-7 所示，不同养殖模式显著影响草鱼肌肉中超氧化物歧化酶和过氧化氢酶活力，以及丙二醛含量。

表 12-7　不同养殖模式的草鱼抗氧化指标（单位/毫克）

| 项　　目 | 养殖模式 | | |
|---|---|---|---|
| | 稻田 | 池塘 | 循环水 |
| 超氧化物歧化酶 | 163.83±5.65[b] | 108.35±2.70[a] | 115.86±3.25[a] |
| 过氧化氢酶 | 7.37±0.61[b] | 4.6±0.32[a] | 3.7±0.21[a] |
| 丙二醛含量 | 13.35±0.14[a] | 27.19±0.52[c] | 16.57±0.35[b] |

注：同行数值中上标不同字母表示差异显著（$P < 0.05$）。稻田指的是稻田养殖模式，池塘指的是池塘鱼菜共生模式，循环水指的是工程化循环水养殖模式。

大量研究表明，不同养殖模式的不同养殖环境会影响鱼类的营养品质，造成这种差异的原因很多，如饵料、水质、水体流速以及鱼类活动范围等。

## 第二节　池塘鱼菜共生条件下的
## 池塘科学投喂技术

饲料是池塘养殖水产品的主要物质基础，作为池塘养殖中的重要投入品，其成本占整个池塘养殖成本的 60％以上，其质量的好坏和投喂技术是否科学，不但决定了饲料本身的转化效率，而且对池塘水环境起到决定性的影响，因此，掌握科学的饲料投喂技术是提高池塘养殖经济效益的重要保障。

### 一、严格控制饲料质量

鱼菜共生池塘中，饲料是鱼类和共生植物的主要营养源，若饲料质量差，饲料中的营养物质转化效率低、饲料系数高，不仅影响鱼类的正常生长，也可能造成养殖水体中各种有机物的大量积累，恶化鱼类和共生植物的生长环境。

优质渔用饲料对饲料原料的品质控制、配方、加工工艺等要求较高，饲料应优先选择信誉好、规模大的正规厂家生产的专用配合饲料，以保证饲料配方科学、营养平衡。如若养殖对象尚无专用配合饲料，原则上应选用与养殖对象食性相似的渔用饲料代替。颗粒饲料在水中需要有良好的稳定性，可通过放在水中浸泡的方法来判断饲料在水中的稳定性。稳定性强的饲料可以防止营养成分在水中的溶失，有效提高饲料的利用效率。

同时，水生动物各阶段的生长特点和营养需要不同，只有根据养殖品种和不同生长阶段有的放矢地选用相适应的饲料，才能获得较为理想的生长效果和经济效益。另外，应根据养殖对象的规格选择适宜的颗粒饲料粒径。饲料粒径过大，会影响养殖对象的正常摄食，易造成饲料浪费；粒径过小，鱼类需经过多次摄食才能饱食，延长了鱼类的摄食时间，增加了摄食强度。一般来说，饲料粒径以养殖对象口裂纵向长度的 2/3 为宜。

### 二、准确掌握饲料投喂量

精准的饲料投喂量是池塘投喂技术的关键和核心。若过量投喂，不仅造成饲料浪费，增加养殖成本，且产生的残饵易造成池塘水质恶化；而投喂量不足，又不能满足鱼类生长的能量和营养需要，影响鱼的正常生长。

影响鱼摄食的因素较多，其中水温是重要的影响因子之一，一般水温在 15～20℃时，日投喂量为鱼体重的 1％～3％；水温在 20℃以上时，日投喂量为鱼体重的 3％～5％。同时，投喂时应观察鱼在食场的摄食情况，一般以饲料投喂后鱼 1 小时吃完为宜，或以 80％的鱼吃完游走为标准。可根据鱼体生长情况，每隔 7 日左右对日投喂量进行调整，以达到最适投喂量。投饵量还应根据天气、水质及鱼类摄食情况灵活调整。

### 三、制定科学的投喂方式

为便于随时观察鱼摄食、生长情况，需对池塘主养品种进行摄食驯化，驯化投喂过程中，用同一频率的声响对鱼类进行驯化，使鱼产生条件反射，注意掌握好"慢—快—慢"的节奏和"少—多—少"的投喂量，一般连续驯化 10 天左右便可进行正常投喂。正常投喂后，可在池塘中间离池梗 3 米处搭设食台，每亩池塘搭建 1～2 个，以便定点投喂。

池塘养殖过程中，配合饲料投喂应选择每天水体溶解氧较高的时段，根据季节及水温的变化确定科学的投喂次数，定时投喂。当水温在 20℃以下时，每天可以投喂 1～2 次，时间在 09：00—10：00 或 16：00—17：00。当水温在 20～25℃时，每天投喂 2～3 次，在 08：00—11：00 及 16：00—19：00。当水温在 25～30℃时，每天投喂 3～5 次，在 08：00—11：00 及 15：00—19：00。当水温在 30℃以上时，因温度过高，每天仅在 09：00—10：00 投喂 1 次。

同时，投喂次数也与养殖鱼类品种的消化器官的特性有关。我国主要养殖鱼类草鱼、鲤、鲫等大宗淡水鱼类属于"无胃鱼"，其摄取饲料由食道直接进入肠内消化，一次容纳的食物量远不及肉食性有胃鱼类，且处于"摄食—消化—排泄"不断进行的连续过程，因此，对无胃鱼采取多次投喂方式，有助于提高消化吸收效率和饲料利用率。此外，同一品种，鱼苗阶段投喂次数多于成鱼。

总之，科学投喂要遵循"三看"（看天气、看水质、看鱼情）和

"四定"（定质、定量、定时、定位）的原则，鱼菜共生技术应用过程中，水质条件更加稳定可控，投喂频率是影响饲养效果的主要因素，适当的过剩饵料可以通过溶解逐渐被植物吸收利用，但投喂过于频繁，不仅浪费饲料，增加养殖成本，还会导致水质变差，增加系统不稳定的因素。研究发现，将投喂频率从 2 次/天提高到 6 次/天，即投喂间隔从 12 小时缩短为 4 小时，可以加快罗非鱼的生长，促进空心菜的生长，同时保持了水质的稳定。不同养殖品种的投喂频率不同，主要受到胃的排空速率影响。例如罗非鱼 4 小时可以将胃排空，如果投喂间隔短于 4 小时，会使罗非鱼的胃负载过重。

# 鱼菜共生技术模式典型案例

## 第一节　鱼菜共生典型案例

### 一、重庆市大足区鱼菜共生案例

#### （一）案例基本情况

重庆市大足区穗源水产养殖专业合作社，位于大足区龙水镇桥亭村五社，法人代表谢云灿。大足区气候温和，降水丰沛，热量比较丰富，光、热、水配合协调，非常适合鱼类的生存、生长和繁殖。谢云灿于2007年流转土地12.07公顷，新建养殖池塘8口共8.4公顷，平均水深2.5米；建葡萄种植基地2.5公顷。2017年，谢云灿实施鱼菜共生示范面积4.53公顷，水面种植空心菜约4 528.8米$^2$，总产空心菜48.3吨。其中外销38.7吨，售价2元/千克，收入7.74万元；农家乐消费空心菜9.6吨（折合售价约1元/千克），收入9.6万元，年空心菜收入高达17.34万元。涉及空心菜的各种总投资6.03万元，空心菜种植实现利润约11.31万元。鱼菜共生模式的成鱼产量达到1 623千克/亩，养殖水体得到净化和改善，水体氨、氮分别下降65.3%和62.4%。谢云灿成为大足区水产养殖致富带头人，在他的示范带动下，大足区14镇的养殖户共同走上了致富之路。

#### （二）放养与收获情况

8.4公顷池塘主要采用80：20养殖技术和鱼菜共生技术融合模式，主养草鱼，配养鲢、鳙、翘嘴鲌等。放养鱼类选择体格健壮、无病、规格均匀的鱼种，在每年的2—3月投种。2017年放养规格为：草鱼20～25厘米，鲢8～12厘米，鳙8～12厘米。放养数量为：草鱼900尾/亩，鲢120尾/亩，鳙50尾/亩。12月中旬进行清塘捕捞：草鱼达到 55～65 厘米，807 尾/亩；鲢达到 55～60 厘米，103 尾/亩；鳙达到 60～75 厘米，41 尾/亩。鱼产量平均达 1 623 千克/亩。

空心菜种植在 4 月中旬，由于 4—11 月鱼类生长迅速，代谢旺盛，每天产生较多的粪便，残饵和粪便经过一系列氨化分解反应转化为水体的氨、氮，这也是造成水体富营养化的主要原因。而空心菜生长旺季正好是 5—10 月，尤其是对氮肥需求量特别大，池塘中丰富的氮、磷元素为空心菜生长提供了营养物质，由此解决了池塘水体富营养化的问题，达到了净水的目的。平均亩产空心菜 865.8 千克。

### （三）养殖效益分析

以鱼菜共生示范测产面积 4.53 公顷为例。总支出约为 110 万元，总收入约为 144 万元，总利润约为 34 万元。

表 13-1　重庆市大足区穗源水产养殖专业合作社鱼菜共生收支情况

| 项　目 | | 面积（公顷） | 总量（吨） | 单价 | 金额（万元） |
|---|---|---|---|---|---|
| 收入 | 成鱼 | 4.53 | 110.28 | 1.2 万元/吨 | 132.34 |
| | 空心菜 | 0.453 | 56.6 | 2 元/千克 | 11.32 |
| 支出 | 鱼种 | 4.53 | 13.6 | 1.4 万元/吨 | 19.04 |
| | 饲料 | 4.53 | 199 | 4 000 元/吨 | 79.6 |
| | 水电费 | 4.53 | — | 3 000 元/公顷 | 1.36 |
| | 鱼药费 | 4.53 | — | 150 元/公顷 | 0.068 |
| | 折旧费 | 4.53 | — | 5 000 元/公顷 | 2.27 |
| | 租金 | 4.53 | — | 9 750 元/公顷 | 4.42 |
| | 管理费 | 4.53 | — | | 1.8 |
| | 浮架 | 0.453 | — | 2.5 万元/公顷 | 1.13 |

### （四）主要经验措施

1. 养殖技术要点

对池塘进行了改造，把小塘改大塘、浅塘改深塘，进排水系统分开。池塘面积达 5～30 公顷/口，水深达 1.8～2.5 米。池塘养殖采用 80∶20 养殖模式，养殖优良品种，加强养殖环境整治，采取投喂饲料精细管理，对病死鱼类进行无害化处理。每 5 亩配备 3 千瓦的增氧机 1 台，每口池塘根据大小配备自动投饵机 1～2 台。

**2. 养殖特点**

谢云灿在养殖过程中非常注重资源综合利用，把垂钓观光体验等休闲渔业模式作为增收的重要抓手，延长产业链，提高产品的附加值。将池塘周边道路硬化，打造出集瓜果长廊观光、生态水生蔬菜品尝、水果采摘、鱼虾垂钓、休闲观光、农家餐饮于一体的新型特色养殖场。

**3. 养殖管理**

在养殖过程中经常出现草鱼吃食空心菜的情况，为保护好空心菜种植，通过研究设计，上层用稀网控制蔬菜茎叶的生长方向，避免倒伏；下层网下垂 30 毫米，阻止吃草性鱼类吃食植物根部，解决了鱼、菜共生的矛盾。空心菜栽种面积占水体总面积比例方面，根据池塘水体富营养化程度而定，一般在 5%～15% 为宜。

**4. 挖掘池塘生产潜力**

谢云灿为挖掘池塘生产潜力，开展了冬季种植蔬菜和池塘立体多品种种植，并通过种植水生花卉大大提高池塘景观效果，增加了农家乐收入。

**（五）上市和营销**

谢云灿对养殖场进行了全方位宣传包装，先后成立了大足区穗源水产养殖专业合作社、凤鸣家庭农场，依靠各种渠道对水产品和水生蔬菜进行营销，利用地理位置交通便利、池塘环境优美的优势，打造休闲农业。

## 二、重庆市璧山区鱼菜共生案例

**（一）案例基本情况**

重庆市璧山区是鱼菜共生技术模式的发源地，早在 2010 年就开始进行了试验示范。2012 年璧山依托"渔业生态养殖示范片建设"项目进行了鱼菜共生技术模式大面积推广，其中较为典型的是位于璧山区来凤街道来凤村的重庆来中水产养殖农民专业合作社渔场（以下简称来中渔场）。该场在实施鱼菜共生过程中获得了较好的经济效益。来中渔场地处林家岩水库下游，渔场的水源主要是水库表层多余水流入。渔场仅一口成鱼池，养殖面积 3.5 公顷，平均水深 2.5 米，主养鲫、草鱼。养殖多年造成池底淤泥较厚，水体偏肥，特别是夏季大量投喂饲料后池塘水体很容易富营养化。

（二）放养与收获及效益分析

鱼菜共生面积 3.5 公顷，以其中的 1 734 米² 测算经济效益。投放鱼种数量为 161 860 尾，共 377 千克，包括鲫、草鱼、鲢、鳙。鱼种成活率为 98.77%。水产养殖投入成本为 9 886 元/亩，其中苗种 1 875 元/亩，饲料 6 232 元/亩，渔药成本 203 元/亩，水电成本 196 元/亩，人工成本 260 元/亩，塘租 1 120 元/亩。蔬菜投入成本 400 元/亩，浮架等固定设施成本为 300 元/亩，其他成本（种子等）为 100 元/亩。成鱼产量水平为 1 213 千克/亩，蔬菜产量为 812 千克/亩。水产品收入为 14 313 元/亩，蔬菜收入为 1 624 元/亩。鱼菜共生亩均利润为 5 651 元/亩，相比传统池塘养殖模式亩均利润提高达 88%。

（三）蔬菜主要销售途径

采用水产专业合作社＋学校对接模式：重庆来中水产养殖农民专业合作社渔场离来凤街道不到 2 千米，交通便利，合作社通过主动与学校对接，解决"鱼菜共生"所产蔬菜的销售问题，把生长旺季的空心菜供应学校食堂，实现了合作社和学校的双赢。

## 三、重庆市巴南区鱼菜共生案例

### （一）案例基本情况

重庆市巴南区全然淡水鱼养殖场，位于重庆市巴南区二圣镇邓家坝村迎龙坝组，2019 年该场鱼菜共生项目试验池塘总面积 6 670 米²。

养殖场配套了增氧机、抽水泵和柴油发电机等相关设备；安装了智慧渔业监控系统，随时在线监测多个水质指标；全面推行养殖户"三项记录"制度，健全养殖档案；对老旧池塘进行"一改五化"和池塘底排污改造，应用鱼菜共生立体种养模式。

### （二）放养与收获

该养殖场以养湘云鲤为主，混养草鱼、鲢、鳙，放养时间 5—6 月，总共投放 21 000 尾鱼种，总重 2 900 千克，平均投种规格 0.138 千克/尾。收获时间为 7—9 月，鱼类亩产量 1 361 千克，重量 0.687 千克/尾。其中鱼菜共生种植面积 800.4 米²，空心菜平均亩产量 2 134 千克。

### （三）效益分析

亩平均纯利润 6 384 元，经济效益显著，投入与产出明细详见表 13-2。

表13-2　巴南区鱼菜共生模式投入产出分析表

| 项目 | | 收益（元/亩） |
| --- | --- | --- |
| 产出 | 商品鱼 | 16 332 |
| | 空心菜 | 2 134 |
| 投入 | 苗种 | 2 900 |
| | 塘租 | 600 |
| | 饲料 | 7 000 |
| | 鱼药 | 300 |
| | 水电 | 500 |
| | 蔬菜 | 82 |
| | 浮床 | 600 |
| | 其他投入 | 100 |

（四）主要经验措施

一是制作浮架连接用弯头连接时一定要密封牢固，防止漏水，影响浮力。二是空心菜宜分期多次采收，在茎蔓长 25～30 厘米时采收，茎蔓基部留 1～2 个节间。

（五）营销途径

（1）设立专营点　在二圣镇邓家坝村汽车站设置专营点销售空心菜。

（2）网络营销　利用微信等新兴网络媒介宣传销售。

# 第二节　鱼-稻共生典型案例

养鱼池塘的水体受地表径流带入污染物质和养殖过程的影响，水体中存在较多有机质，对水体环境和生长均有较大影响，如果单纯采取药物调水消纳，必然存在周期性反复的现象，不能从解决上根本问题。采取池塘综合种养结合方式，对池塘水质有极好的改良效果，实现养殖废弃营养盐循环利用。

## 一、重庆市垫江县鱼-稻共生案例

### （一）案例基本情况

重庆市垫江县钧涵水产养殖有限公司成立于 2015 年 5 月，注册资金 20 万元。现有养殖水面积 10.28 公顷，其中成鱼池 5 口，面积 8.2 公顷；鱼种池 4 口，面积 2.08 公顷。以养殖草鱼、鲢、鳙、鲤、鲫等大宗水产品种为主，搭配养殖青鱼、甲鱼、武昌鱼、翘嘴鲌等特色品种，年生产水产品约 100 吨。

该养殖场是利用浅丘沟冲地形建池，养殖水体交换条件极差，完全依赖自然降雨后地表水补充。养殖管理以投喂人工配合饲料为主，饵料系数在 1.5～2.0，每年的 3—4 月进行一次杀虫杀菌预防鱼病，其后视水质变化和鱼病发生情况，施用药物进行水质调节和鱼病治疗。

2017 年前，由于盲目追求高产量，过度投入导致池塘有机质累积严重，加之水体交换受限，水质恶化。特别是 2016 年 9 月开始，由于水质、气候的双重影响，养殖场出现持续性死鱼，共死亡成鱼 20 多吨，当年亏损近 40 万元，生产难以为继。2017 年，该场应用池塘鱼稻（菜）共生综合种养技术，渔场面貌焕然一新，养殖效益显现。

（二）放养与收获

放养与收获情况见表 13-3。

表 13-3 放养与收获情况表

| 年份 | 投入/收入 | 项目 | 数量（千克） | 总价（万元） |
| --- | --- | --- | --- | --- |
| 2015—2016 | 收入 | 成鱼 | 50 000 | 50 |
| | 投入 | 用药 | — | 7 |
| 2017 | 收入 | 成鱼 | 96 000 | 104.8 |
| | | 水稻 | 1 599.6 | 0.56 |
| | 投入 | 用药 | — | 1.2 |
| 2018 | 收入 | 成鱼 | 100 500 | 120 |
| | | 水稻 | 4 154.4 | 2.26 |
| | 投入 | 用药 | — | 0.8 |
| 2019 | 收入 | 成鱼 | 104 000 | 125 |
| | | 水稻 | 4 154.4 | 0.56 |
| | 投入 | 用药 | | 1 |

（三）效益分析

池塘鱼-稻（菜）共生的效益是综合性的，既有生态效益和经济效益，还有社会效益。

**1. 生态效益**

通过生产方式的转变，养殖与种植的结合，水体中大量的营养物质在水稻等水生植物的生长过程中转化成了大量的稻谷和稻草，以固化的形态移出水体，不仅减少了水体中的有害物质的累积，而且有利于水质改善。

**2. 经济效益**

由于水质的改善，池塘鱼生长好且快，出池同等规格的成鱼，养殖时间缩短约 15 天，成鱼在体型和色泽方面也有很大改善，不仅节约了生产成本，而且赢得了市场认可。

**3. 社会效益**

由于养殖过程中药物的减少，水产品品质有了明显提高。2018 年，养殖场获得了无公害水产品基地认证，鲢、鳙、草鱼、鲤、鲫和青鱼 6 个品种获得无公害认证；2019 年在重庆市水产品质量安全管理追溯体系平台中申请了账号，实现了水产品质量安全可追溯。池塘鱼稻（菜）共生模式促进了水产品质量安全水平的提升。

（四）主要经验措施

**1. 准确认识鱼-稻（菜）共生的目的意义**

在池塘中种植水生植物，其根本是为了保证预期的养殖效果，"渔场是养鱼的，不是种粮种菜的"，不可本末倒置，更不能简单地以种植收获来衡量投入与产出关系，要充分认识其综合的生态效益和经济效益。

**2. 合理配置鱼-稻（菜）共生设施**

池塘中鱼-稻（菜）共生的规模，不能简单地以面积计划，要综合考量池塘的水体交换、池塘面积、池塘底质状况等因素，种植面积占池塘面积的比例以 3%～8% 较为适宜。水体交换差、面积小、底质肥沃的池塘比例高；反之，则低。

**3. 科学选择鱼-稻（菜）共生种类**

由于区位、市场等因素的影响，垫江县钧涵水产养殖有限公司选择了以稻为主、以菜为辅的池塘综合种养模式。水稻品种宜选择低秆

抗倒伏的品种。植株不高，抗逆性强的丰优香占、渝香203等品种均适合池塘水面种植。

**4. 准确把握鱼-稻（菜）共生技术要点**

一是浮板（床）材料的选择，力求价廉耐用。二是浮板（床）尺寸不宜过大，方便操作，长宽过大容易造成搬运过程的损坏和水面操作不便；浮板（床）大小以（0.6～0.8）米×（1.0～1.2）米为宜。三是浮板（床）的设置方向和长度要结合池塘的风向顺风设置，且连接处不宜过长，减少风损。四是生产过程中，对呈现病害的植株，及时采取移出隔离措施，植物有时会出现自愈的现象。五是营养钵泥土应选择肥沃的池塘底泥，以满钵泥土种植为好。

**（五）上市和营销**

垫江县钧涵水产养殖有限公司的水产品销售为自产自销与出池批发相结合，以出池批发销售为主，约占80%。以本地市场销售为主，外地市场为辅，外销市场有邻近的四川、贵州以及市内的万州、武隆等地。

稻谷销售以自销的形式，通过加工、筛选后，按照5千克/袋、10千克/袋包装，通过网络销售，价格为20～40元/千克。

## 二、重庆市万州区鱼-稻共生案例

**（一）案例基本情况**

重庆市万州区鱼种站汪家坝基地，是池塘鱼稻共生技术的发源地，始于2014年。2014—2015年，由西南大学吴青团队与万州区鱼种站共同进行，完成了周年在池塘水面浮床栽培水稻、黑麦草试验。当年，在19米²浮床上种植水稻，获得谷子15千克，折合亩产超过500千克。2015年，继续在汪家坝基地2#池试验，在624米²浮床上种植水稻，获得谷子584千克，折合亩产624千克，黑麦草折合亩产量也达到8 000千克。2016年起，重庆市水产技术推广总站、重庆三峡农业科学院又与万州区鱼种站合作，完成了XPS浮床设置、水稻多品种筛选、种植密度选择等试验，形成了《池塘水面浮床水稻＋黑麦草周年轮作技术要点》。2016年，汪家坝6个池塘共有浮床种植面积3 300米²，形成了一定规模。试验成功后，汪家坝基地一直坚持示范，先后在重庆、四川、江苏、湖南等地推广，都取得了良好效果。

（二）技术要点

**1. 池塘基本情况**

汪家坝基地 2# 池，面积 5 336 米²，最大水深 2.8 米，平均水深 2.3 米，水泥护坡，配增氧机、涌浪机、投饲机，进排水独立。2018 年主养草鱼种，养殖生产按常规技术模式进行。

**2. 浮床设置**

试验浮床采用万州区鱼种站自主设计、生产的 XPS 浮床。2# 试验池共设置浮床 750 块，分为 10 行，每行 75 块，浮床总面积 540 米²，占池塘面积的约 10%。

**3. 水稻种植**

水稻品种为粮两优 1790，按常规温棚方法培育秧苗。根据万州当地农时，于 2018 年 3 月 20 日播种育秧，4 月 20 日移栽于浮床种植钵中，每钵 1 株秧苗，插稳即可。

**4. 日常管理**

水稻秧苗移栽后日常管理比较简单，视杂草生长情况进行过一次人工除草，没有施肥、打药、晒田等。

**5. 数据收集**

2018 年 8 月 25 日随机 5 株测定株高；8 月 26 日进行产量测产，测产方法为以相邻 60 穴为 1 个样本，3 个重复；9 月 5 日稻谷成熟收割；10 月 28 日将稻谷加工为大米。

**6. 试验结果**

（1）株高　水稻株高测量结果见表 13-4。

表 13-4　水稻株高统计表

| 序号 | 1 | 2 | 3 | 4 | 5 | 平均 |
|---|---|---|---|---|---|---|
| 株高（厘米） | 92 | 94 | 95 | 90 | 92 | 92.6 |

株高平均只有 92.6 厘米，属较矮株型，有利于防止稻谷成熟时倒伏，减少损失。

（2）测产结果　水稻测产结果见表 13-5。

表 13-5　水稻测产结果（千克）

| 样本序号 | 1 | 2 | 3 | 样本平均 | 折合亩产量 |
|---|---|---|---|---|---|
| 测产结果 | 2.295 | 2.365 | 2.215 | 2.292 | 495.4 |

（3）实产结果　经常规农艺操作，2♯试验池实收稻谷404.5千克，折合亩产500千克。测产结果与实产结果吻合。

（4）稻谷加工　10月28日将其中320千克稻谷用小型成套设备经除杂、剥壳、去皮、水洗、色选、过筛等工艺加工成大米，收获大米215千克，出米率67.2%。

# 第三节　鱼-菱角共生典型案例

## 一、案例基本情况

重庆市巴南区二圣镇邓家坝村迎龙坝组李嘉勇，系重庆市巴南区全然淡水鱼养殖场负责人，示范池塘1口共3335米²，于2019年3月至11月进行鱼-菱角共生种养技术示范。

## 二、放养与收获

该示范池塘放养与收获情况见表13-6。

表 13-6　放养收获情况表

| 养殖（种植）品种 | 放养（种植） | | | 收获 | | |
|---|---|---|---|---|---|---|
| | 时间 | 规格 | 每亩放养（种植）量（千克） | 时间 | 规格 | 每亩产量（千克） |
| 菱角 | 2019年3月6日 | — | 1 | 2019年7月2日至10月24日 | — | 1 000 |
| 草鱼 | 2019年3月27日 | 12～14尾/千克 | 45 | 2019年11月4日 | 1.1千克/尾 | 145 |

## 三、效益分析

根据测算，该试验池塘的总投入成本是8 034元，其中苗种费3 118元，饲料费3 600元，渔药费用为100元，其他费用是1 216元，年总产值是39 425元。该养殖场年收入较实施鱼-菱角共生种养技术前有明显提高，而且池塘水质也有明显改善，取得了良好的综合效益（表13-7）。

表 13-7　鱼-菱角共生技术效益情况分析

| 项　目 | | 数量 | 单价 | 小计（元） |
|---|---|---|---|---|
| | 池塘承包费 | 5 亩 | 600 元/亩 | 3 000 |
| 苗种费 | 草鱼苗 | 600 尾 | 0.03 元/尾 | 18 |
| | 菱角 | 5 千克 | 20 元/千克 | 100 |
| | 小计 | — | — | 3 118 |
| 饲料费 | 配合饲料 | 800 千克 | 4.5 元/千克 | 3 600 |
| | 小计 | | | 3 600 |
| 药费 | 渔药 | | | 100 |
| | 小计 | | | 100 |
| 其他 | 电费 | 800 度 | 0.52 元/度 | 416 |
| | 人工 | 4 天 | 200 元/天 | 800 |
| | 小计 | — | — | 1216 |
| 成本 | 总成本 | 3 335 米² | 1 608.8 元/亩 | 8 034 |
| 产值 | 单项产值 菱角 | 5 000 千克 | 6 元/千克 | 30 000 |
| | 草鱼 | 725 千克 | 13 元/千克 | 9 425 |
| | 总产值 | 3 335 米² | 3 085 元/亩 | 39 425 |
| | 总利润 | 3 335 米² | 6 278.2 元/亩 | 3 1391 |

## 四、主要措施与经验

### （一）池塘条件

池塘 1 口共计 3 335 米²，池深 2.0 米、水深 1.8 米，呈南北向，池埂安装防渗农膜。水源充足，周边无污染源。进排水独立，交通方便。

### （二）菱角采摘

菱角初花后 1 个月左右，当菱角定形后即可采收。约在 7 月底 8 月初开始采摘上市，每 7 天左右摘 1 次。采菱时，要做到"三轻"和"三防"。"三轻"是指提盘轻、摘菱轻、放盘轻。"三防"是指防猛拉菱盘，植株受伤，老菱落水；防采菱速度不一，老菱漏采，被船挤落水中；防老嫩一起采。总之，要老嫩分清，将老菱采摘干净。采摘结束后，应及时清棵，残株可用于堆肥或作饲料，须注意残株要远离菱塘，减少来年菱角病害，防止塘水变质伤害草鱼。

### （三）菱角选种、保种

9—10 月在采菱的同时，可根据第二年的种植计划，选择果粒大、

老熟的菱角留种。菱种保存方法：先将菱种置于竹篓内，再将竹篓悬吊于事先在水体中搭建好的茅竹架上，使菱种上不露出水面、下不着泥底。

### 五、上市和营销

（1）设立专营点　在二圣镇邓家坝村汽车站设置专营点销售菱角。

（2）网络营销　利用微信等新兴网络媒介宣传销售。

## 第四节　异位大棚式鱼菜共生种养模式典型案例

### 一、案例基本情况

2019 年，重庆市梁平区某泥鳅养殖基地，建设室内工厂化循环水鱼菜共生种养大棚 1 个，大棚长 40 米、宽 8 米，占地面积 320 米$^2$。大棚内设置 12 个水培三角形不锈钢蔬菜管架，架高 2 米，底宽 1.5 米。每个管架分 4 层共安装 7 根长 8 米、直径 110 毫米的 PVC 管，其中最上层安装管道 1 根，其他层各安装管道 2 根。每根 PVC 两端用直径 50 毫米的小管连接，每根管道上有 24 个种植孔，孔内用塑料网兜及海绵固根。管道内水取自于泥鳅养殖场底层尾水。

### 二、综合效益情况

该基地自 2019 年 9 月底建成后，开始移栽空心菜、甜菜、白菜、苋菜、莴苣、韭菜、番茄等蔬菜，每个种植孔栽种一种植物，每两天排空管道内陈水并加注池塘底层新水。整个生长阶段，大多数蔬菜根系发达，长势良好。在栽种品种选择方面，建议选择栽种矮株蔬菜，避免重心较高而倒伏，如要种植番茄、茄子、黄瓜、丝瓜等高株植物或者藤蔓植物，可以用塑料或铁丝等绳索固定。经过 1~2 个月生长期，蔬菜逐渐上市。由于大棚具有保温效果，可以延长空心菜、韭菜等蔬菜的生长期，蔬菜能够提前或者延后上市，市场前景较为广阔。蔬菜主要通过定制供应本地市场，也供现场采摘。在约 3 个月的时间里，平均每个种植孔产出蔬菜约 1 千克，折合大棚亩产超过 4 000 千克，平均价格 3.5 元/千克，实现每亩产值 1.4 万元。同时，通过对管道进水和出水口的总氮、总磷、化学需氧量、悬浮物等指标进行连续监测分析，数据表明水生植物对总氮、总磷、化学需氧量、悬浮物等含量去除效果明显，能够实现尾水循环使用和达标排放。

# 第五节　室内工厂化循环水鱼菜共生种养模式典型案例

## 一、案例基本情况

重庆市恺煜生态农业开发有限公司在重庆市沙坪坝区曾家镇白林村青龙嘴社建立室内工厂化循环水鱼菜共生种养基地，共建设循环流水养鱼槽 2 550 米$^3$，基于养鱼循环水的蔬菜无土栽培面积 2 370 米$^2$，其中陶粒种植 1 850 米$^2$，环保栽培板种植 520 米$^2$。

## 二、放养与收获

主要放养品种为鲈、鲫和黄颡鱼，其中鲈 10 万尾、鲫 4 万尾、黄颡鱼 4 万尾，养殖投放鱼苗规格为鲈 5 厘米、鲫 5 厘米和黄颡鱼 4 厘米。养殖周期为 10～12 个月。收获鲈 50 吨、鱼 20 吨、黄颡鱼 20 吨，叶菜类、瓜果类蔬菜 60 吨。

## 三、效益分析

该基地年收获鱼类 90 吨、蔬菜 60 吨，建立健全了产、供、销一条龙服务体系，养殖的产品可放置于恒温暂养池暂养，并通过其对接的产品专销店根据季节、价格变化情况灵活定价销售，获取最大利润，年收入可达 253.1 万元（表 13-8）。

表 13-8　室内工厂化循环水鱼菜共生种养模式效益分析

| 项　　目 | | 数量（吨） | 单价（元/千克） | 总价（万元） |
|---|---|---|---|---|
| 理论收入 | 鲈 | 50 | 30 | 150 |
| | 鲫 | 20 | 12 | 24 |
| | 黄颡鱼 | 20 | 20 | 40 |
| | 蔬菜 | 60 | 2 | 12 |
| | 小计 | | | 226 |

（续）

| 项　目 | 数量（吨） | 单价（元/千克） | 总价（万元） |
|---|---|---|---|
| 实际收入 | 60%批发销售 | | 135.6 |
| | 40%其他形式销售，平均溢价30% | | 117.5 |
| 小计 | | | 253.1 |
| 支出 | 土地 | | 3 |
| | 人工 | | 21 |
| | 鱼种 | | 11 |
| | 饲料费 | | 97 |
| | 配送 | | 10 |
| | 其他 | | 7.5 |
| 小计 | | | 149.5 |

## 四、主要经验措施

### （一）场地选择

基地最好选择在城市近郊，可采取进家庭、学校、企事业单位配送，节约产品的物流配送成本以及配送时间。

### （二）品种选择

按照市场接受度高、产品附加值高的原则，选择优良养殖品种和种植品种，有效避免产品滞销，最大限度提升综合效益。

### （三）多元化开发

公司根据鱼菜共生系统运行模式开发了家庭迷你鱼菜共生系统，使城市居民可居家体验养鱼和种菜，还能收获水产品和蔬菜。该系统的研发与推广有效延伸了产业链条。

### （四）科普基地建设

公司于2019年申报区级科普示范基地，通过举办科普活动带动基地人流量，扩大基地影响力，为网络配送奠定坚实基础。

## 五、上市和营销

一是建立"鱼菜呈祥"微信公众号，建立与用户的紧密沟通机制，通过微信公众号设立基地介绍和采购专区。二是根据不同消费群体，设立不同档次消费套餐，主要有体验套餐、心享卡套餐、尊享卡套餐和至尊卡套餐，满足各种人群的消费需求。三是采取多元化销售手段，举办科普活动促销，通过批发渠道进机关、进企业、进学校等。

## 第六节 池塘鱼-藕共生种养技术应用典型案例

### 一、案例基本情况

多年来，重庆市涪陵区守淑水产养殖场探索鱼藕共生种养模式，消纳水中的氨氮，改善池塘水质，减少鱼病的发生，确保水产品质量，增加渔业效益。

### 二、养殖场条件

该养殖场共有养殖水面约103亩，其中，实施鱼藕共生种养技术的池塘合计24亩，其中2号鱼池20亩，用于主养草鱼和鲫，池塘水深1.5～2.2米；相邻3号鱼池4亩，水深0.5～1.0米，用于种植莲藕。

### 三、生产模式

#### （一）苗种放养

2号鱼池，年初每亩鱼池放养草鱼鱼种500尾（0.2～0.3千克/尾），鲫鱼种800尾（0.05～0.1千克/尾），鲢鱼种100尾（0.2～0.3千克/尾）。共计放养鱼种数量约28 000尾，重量4 200千克。

3号鱼池，年初每亩鱼池放养鲫鱼种100尾（0.05～0.1千克/尾），共计放养鲫鱼种约400尾，重量30千克。栽种莲藕1 875千克/公顷，共计约500千克。

#### （二）养殖管理

**1. 循环用水**

每年3—11月把2号鱼池的养殖尾水循环到3号鱼池，经过3号池资源化利用后的水返回2号鱼池。

**2. 投喂**

2号鱼池根据气候和水温条件，定时、定量、定点、定质投喂优质配合饲料。晴天适量投饲，阴雨天少投饲或不投。全年共计投喂饲料28吨。

**3. 增氧**

2号鱼池根据天气、鱼的吃食情况，科学使用增氧机。每天中午开动增氧机2小时；天气变化剧烈时，全天开动增氧机；天气较差时傍晚左右开动；天气正常时，22：00前后开动增氧机，确保鱼池的溶解氧不低于3毫克/升。

**4. 防病**

根据水质、鱼的生长情况科学杀虫和杀菌。

## 四、效益分析

### (一) 经济效益

24亩鱼藕共生种养池塘全年投入17.13万元，平均亩投入7 137元，年收入为23.25万元，亩纯收益为2 550元，详见表13-9。

表13-9　经济效益情况分析

| 项　　　目 | | 数量（千克） | 单价/平均 | 总价（万元） |
|---|---|---|---|---|
| 产出 | 草鱼 | 13 000 | 11元/千克 | 14.30 |
| | 鲫 | 5 700 | 11元/千克 | 6.27 |
| | 鲢（第一批） | 600 | 14元/千克 | 0.84 |
| | 鲢（第二批） | 2 400 | 6元/千克 | 1.44 |
| | 莲藕 | — | — | 0.4 |
| | 小计 | | 9 689元/亩 | 23.25 |
| 投入 | | | 7 137元/亩 | 17.13 |
| 效益 | | | 2 550元/亩 | 6.12 |

### (二) 生态效益

通过实施"鱼-藕"养殖模式，有效改善了鱼池水质，实现了优化养殖水环境，改善了农村人居环境。

### (三) 社会效益

发展"鱼-藕"养殖模式，对于实现重庆市渔业"提质增效、稳量增收、绿色发展、富裕渔民"目标，大力发展生态渔业，助推美丽渔村建设具有重要意义。

## 五、技术探究

（1）鱼-藕共生，把水产业和种植业有机结合，实施综合种养，物质循环利用，实现双赢。

（2）鱼-藕共生模式可以保持水体"肥、活、嫩、爽"，提高了水体的溶解氧水平，降低饵料系数，也减少了疾病的发生，确保鱼的健康生长，降低养殖成本，增加养殖效益。

（3）种植的莲藕，夏季荷花绽放，增加了休闲渔业的元素，助力乡村振兴。

## 第七节　池塘鱼（中华鳖）-菜共生种养技术应用典型案例

### 一、案例基本情况

#### （一）养殖规模

重庆迅浩生态农业开发有限公司位于重庆市涪陵区江北街道，成立于 2012 年，注册资金 100 万元，现有员工 25 人，其中专业技术人员 6 人。公司现有面积 20 余公顷，休闲垂钓面积 5.73 公顷，中华鳖养殖面积 2 公顷（其中 1.47 公顷养殖中华鳖，0.53 公顷种植莲藕）。

#### （二）投放规格及比例

2 月放养中华鳖 180 只/亩，其中，规格 0.25 千克/只、规格 0.5 千克/只的幼鳖各 90 只。投放鲢 50 尾/亩、鳙 20 尾/亩、鲫 500 尾/亩，同时种植莲藕 150 千克/亩。

#### （三）总产量

年产中华鳖 3.06 吨、鲢 2.3 吨、鳙 1.2 吨、莲藕 5.6 吨。

#### （四）投饲情况

池塘投放小虾、小杂鱼，为中华鳖提供鲜活饵料。

### 二、经营情况

生态中华鳖产品销售到涪陵区及其周边，年亩收益 3.65 万元，亩利润 1.3 万元，总利润 39 万元。

### 三、主要技术要点

（1）大力推行生态健康养殖技术，生态中华鳖的品质得到消费者的认可，并于 2017 年获得无公害产品认证，注册了"涪州牌中华鳖"

品牌。

（2）通过种植莲藕改善中华鳖养殖水环境，修建食台、晒台，给中华鳖提供良好的生长环境。

（3）投放两种不同规格的中华鳖，分别为0.25千克/只和0.5千克/只，保证产品均衡上市。

（4）投喂小鱼、小虾以及切碎的鲢等优质饵料，保持中华鳖较高品质。

## 第八节　池塘鱼菜共生休闲渔业基地产业融合发展典型案例

### 一、案例基本情况

重庆市巴南区江塘水产养殖专业合作社所属"龙马谷生态鱼"养殖基地，坐落于重庆市巴南区二圣镇的白马坡山下，2017年10月由86名社员采取集资入股、320名村民土地入股等形式集资360多万元建成，占地200亩，拥有养殖水面150余亩；荣获"国家级水产健康养殖示范场"（第14批）（农办渔〔2020〕2号）称号、无公害水产品认证。每年可向重庆及周边市场提供生态养殖的四大家鱼、翘嘴红鲌、匙吻鲟、长吻鮠、黄颡鱼等优质水产品200吨以上。近年来，该基地依托资源优势和地域优势，大力发展旅游业和休闲渔业，取得了良好的成效。目前，该基地已成为集旅游、休闲观光、养殖、垂钓、餐饮于一体的多功能休闲观光渔业基地。

### 二、主要经验措施

该基地依托鱼菜共生项目，融合池塘内循环流水养殖、"瘦身鱼"养殖、智慧渔业、鱼菜共生、底排污等技术，创建"龙马谷生态鱼"品牌。

（一）池塘内循环流水养殖

应用池塘内循环流水养殖技术，以生态模式养殖出大量商品鱼。

（二）"瘦身鱼"养殖

将流水槽内养殖的规格为2~5千克的商品鱼（多为草鱼）转入生态养殖池，在流动水源中饥饿处理2个月左右，快速提高淡水鱼的品质。"瘦身"后的商品鱼具有体色光鲜、体质强健、无泥味、少脂肪、无药残、口感好、质量佳等特点。经过2个月"瘦身"，鱼的体重可下降 15%左右，但价格可以达到普通商品鱼的 2～4 倍。

### （三）智慧渔业

主要应用物联网视频监控、水质监测、气象监控、智能增氧、智能投喂等技术。可以对鱼塘内的溶解氧、pH、水温等进行在线监测，及时调节水质，预测各种病情发生，使水产品在最适宜的环境下生长，达到增产、节能、省工、适时用药、减少环境污染等效果。

### （四）鱼菜共生

应用池塘鱼菜共生技术，降低池水污染物浓度、净化养鱼的水环境，使鱼在池塘内能够健康生长。

### （五）底排污

将养殖过程中沉积的水产动物代谢物、残饵、水生生物残体等废弃物经过固液分离、水质净化等处理后，达到渔业水质标准或三类地表水标准再循环回养殖池塘，固体沉积物用于农作物有机肥料，实现水体与废弃物的循环利用，确保健康养殖，达到零污染、零排放。

### （六）多元化发展休闲渔业

一是钓鱼，可垂钓翘嘴红鲌、匙吻鲟、长吻鮠、黄颡鱼等名特水产品；二是摸鱼，可在浅水池捉泥鳅、钓龙虾和螃蟹；三是吃鱼，开设"瘦身鱼"体验餐厅，制定特色菜谱，一鱼多吃，满足不同游客的需求。

## 三、效益分析

### （一）经济效益

养殖"瘦身鱼"具有投资小、见效快、利润高、操作简单等优势，深受本地水产养殖户的青睐。以草鱼为例，目前普通草鱼塘边价最高为 14 元/千克，但"瘦身鱼"却可以卖到 50 元/千克以上，而且由于品质过硬，市场反响良好。该基地 2019 年销量近 10 万千克，年产值达560 万元，除去水电、人工、药物等成本，纯利润约为 240 万元。

### （二）社会效益

"瘦身鱼"养殖不仅提高了本地养殖户的养殖效益，保障了广大消费者舌尖上的安全，同时带动了农家乐等休闲渔业及旅游业的发展。另外，"瘦身鱼"产业极大消耗了本地渔业多年产生的"库存"，促进了巴南区渔业供给侧改革，推动了淡水鱼产业健康发展，对区域经济

发展具有重要意义。

（三）生态效益

鱼菜共生可降低池水污染物浓度，净化池塘水质，美化休闲渔业环境。"瘦身鱼"养殖节水节地，养殖同样重量的鱼，"瘦身鱼"养殖所需水面仅为传统养殖的 10%，效益却是传统养殖的 20 倍以上。

# 参 考 文 献

陈家长，孟顺龙，胡庚东，等.2010. 空心菜浮床栽培对集约化养殖鱼塘水质的影响［J］. 生态与农村环境学报，26（2）：155-159.

胡景涛，黄成志，雷树凡，等.2018, 养殖池塘浮床水稻种植模式初探及效益分析［J］. 上海农业科技（2）：119-120.

黄海平，2012. 水蕹菜浮床在精养鱼池中的应用效果研究［D］. 武汉：华中农业大学.

黎华寿，聂呈荣，方文杰，等.2003, 浮床栽培植物生长特性的研究［J］. 华南农业大学学报（自然科学版），24（2）：12-15.

李文祥，李为，林明利，等.2011. 浮床水蕹菜对养殖水体中营养物质的去除效果研究［J］. 环境科学学报，31（8）：1670-1675.

刘淑媛，任久长，山文辉.1997. 利用人工基质无土栽培经济植物净化富营养化水体的研究［J］. 北京大学学报（自然科学版），35（4）：518-522.

唐艺璇，2011. 杭州市富营养化河道生态浮岛修复的植物选择与示范［D］. 浙江：浙江大学.

唐莹莹，李秀珍，周元清，等.2012. 浮床空心菜对氮循环细菌数量与分布和氮素净化效果的影响［J］. 生态学报，32（9）：2837-2846.

王晓菲，2012. 水生动植物对富营养化水体的联合修复研究［D］. 重庆：重庆大学.

王延晖，陈杰.2019. 生态植物浮床对养殖池塘水质的净化效果［J］. 河南水产（4）：18-20.

赵巧玲，2010. 植物浮床对精养池塘水质及浮游藻类群落结构的效应［D］. 武汉：华中农业大学.

图书在版编目（CIP）数据

鱼菜共生生态种养技术模式／全国水产技术推广总
站组编 . —北京：中国农业出版社，2021.11（2023.8 重印）
（绿色水产养殖典型技术模式丛书）
ISBN 978-7-109-28924-6

Ⅰ.①鱼…　Ⅱ.①全…　Ⅲ.①池塘养鱼②水生蔬菜一
蔬菜园艺　Ⅳ.①S964.3②S645

中国版本图书馆 CIP 数据核字（2021）第 236708 号

---

中国农业出版社出版

地址：北京市朝阳区麦子店街 18 号楼
邮编：100125
策划编辑：武旭峰　王金环
责任编辑：王金环
版式设计：王　晨　　责任校对：吴丽婷
印刷：北京通州皇家印刷厂
版次：2021 年 11 月第 1 版
印次：2023 年 8 月北京第 3 次印刷
发行：新华书店北京发行所
开本：700mm×1000mm　1/16
印张：11　插页：4
字数：220 千字
定价：48.00 元

---

池塘种植空心菜

空心菜采摘

收获水面蔬菜

池塘种植的水稻返青

水稻成熟

池塘种植花卉

池塘浮床架设

池塘种植折耳根

池塘种植草莓

"鱼-水生植物"生态净化池

室内工程化循环水鱼菜共生系统（一）

室内工程化循环水鱼菜共生系统（二）

"水上稻谷+池塘工程化养殖+池塘尾水治理"多技术融合模式